在家吃火鍋

無分四季時節，
圍爐品嘗食材的鮮味

薩巴蒂娜　主編

火鍋翻滾，不亦樂乎

我特別愛看一個朋友吃火鍋。他會在自己面前擺 5 個不同的碟子，一碟香葱粒、一碟芫茜、一碟麻油、一碟乾辣椒、一碟 XO 醬混海鮮醬，如同奧運五環般擺放，五顏六色。他吃不同的食材就蘸不同的調味料，吃羊肉會裹着香葱粒吃，甚至會下手輔助撒芫茜。看他吃火鍋真是忙得不亦樂乎，我也看得不亦樂乎。

你若問正宗不正宗，當然是不正宗的。可是他吃得那麼開心，正宗不正宗又有甚麼關係呢？

這就是我們出這本書的目的和原因。

有一段時間，我住在北京牛街附近，那裏可以買到全北京最好的牛羊肉。我跟您說啊，吃老北京火鍋實在是太方便了！弄點兒上好的芝麻醬、王致和醬豆腐（南方人叫豆腐乳）、韭菜花，攪拌均勻，就是最基本的蘸料。一鍋水煮沸，把鮮美的肉片往裏頭一涮，變色就撈出，蘸上醬料，往嘴巴裏這麼一送，別提多舒坦了！先吃羊肉，再涮大白菜和粉絲，最後再來個燒餅，用火鍋湯加點蘸料溜縫兒。而且我想怎麼吃就怎麼吃，站着吃、坐着吃、把腳翹凳子上吃……所謂人類最容易得到的享樂，無非如此。

沒有一款火鍋的味道是一樣的，即使你在家用海底撈湯底料做的火鍋，由於小料、蘸料的不同，又讓食材的口感變得不同。

其實，火鍋的學問不小，比如潮汕的牛肉火鍋，必須用笊籬協同筷子，掐着秒來燙，多一秒少一秒都不行。而有些食材，比如豆腐、麵筋、魔芋則久煮才好吃。就看您自己的喜好了。

如同麵食一樣，全中國的火鍋也是數也數不清。我們這本書教給您的只是滄海一粟，更多的精彩，還需要您親自嘗試和開拓。

薩巴小傳：本名高欣茹。薩巴蒂娜是當時出道寫美食書時用的筆名。曾主編過五十多本暢銷美食圖書，出版過小說《廚子的故事》，美食散文《美味關係》。現任「薩巴廚房」主編。

目　錄

 湯 底

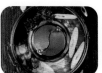

◎ 涮料

魚片
54

魚豆腐
56

魚滑
58

蝦滑
59

竹籤蝦
60

魷魚鬚
61

龍脷魚柳
62

花蛤
63

扇貝
64

蟶子
65

港式咖喱魚蛋
66

芝士包心丸
68

涮壽司
69

牛百葉
70

黃喉
72

牛蹄筋
73

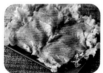
薄切牛舌
74

串串牛肚
75

手工黑椒牛肉丸
76

泡椒醃牛肉片
78

手切潮汕牛肉
79

手切羊肉
80

手切五花肉
81

酥肉
82

脆爽腰花
84

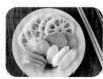

◎ 蘸料

麻醬碟
124

蒜蓉麻油碟
125

沙茶醬碟
126

海鮮醬油碟
127

海椒乾碟
128

鹹香腐乳碟
129

金牌蠔油味碟
130

上癮小米辣碟
131

菌菇醬碟
132

沙薑葱蓉碟
134

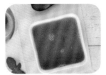
全蛋蘸料碟
136

蒜醬碟
137

日式醬油芥末碟
138

◎ 配餐 & 飲品

古早味酸梅湯
140

山楂甘蔗飲
142

鮮百合雪梨汁
143

菊花八寶茶
144

雪耳糖水
145

竹蔗茅根水
146

黑豆豆漿
147

降火涼茶
148

龜苓膏
150

自製豆花
152

初步瞭解全書

看着名字……就流口水

時間、難易度清楚明瞭

需要用到的食材一目了然，要打有準備的仗

美味菜品既有情懷也要兼具營養

選適合的蘸料，吃出最鮮美的味道

章節索引，讓你迅速找到所需內容

烹飪小貼士，讓你與美味不再失之交臂

湯底升級，享受多重美味

詳盡直觀的操作步驟讓你容易上手

　　為了確保菜譜的可操作性，本書的每一道菜都經過我們試做、試吃，並且是現場烹飪後直接拍攝的。

　　本書每道食譜都有步驟圖、小貼士、烹飪難度和烹飪時間的指引，確保你照着圖書一步步操作便可以做出好吃的菜餚。但是具體用量和火候的把握也需要你經驗的累積。

　　書中部分菜品圖片含有裝飾物，不作為必要食材元素出現在菜譜文字中，讀者可根據個人喜好增減。

計量單位對照表

1 茶匙固體材料 =5 克
1 湯匙固體材料 =15 克
1 茶匙液體材料 =5 毫升
1 湯匙液體材料 =15 毫升

火鍋
常見鍋具

老北京銅鍋

想品嘗到最正宗的老北京涮羊肉的風味，就要採用最具歷史的銅鍋炭火。銅鍋由底盤、火座、鍋身、鍋蓋、火筒、筒蓋六個部分組成，由於銅的傳熱快，用銅鍋涮煮食材熟得更快。火鍋下放置燒紅的木炭，熱量傳導更加均衡，使肉質更鮮美，蔬菜更清爽。古時候塞外游牧民族通常圍火鍋而坐，投食料入鍋涮食，享受着用銅火鍋烹煮食物的樂趣。

雲南氣鍋

早在清代乾隆年間，氣鍋就在滇南一帶流行，人們使用雲南建水出產的一種土陶蒸鍋來蒸製食物，用氣鍋蒸製而成的氣鍋雞是經典的雲南名菜之一。製作氣鍋雞時，需先將雞肉洗淨，斬成小塊，和薑、鹽、葱、草果等香料一道放入氣鍋內蓋好。將氣鍋放置於盛滿水的湯鍋之上，然後用紗布將縫隙堵上以免漏氣，再放到火上蒸煮。湯鍋的水蒸氣通過氣鍋中間的氣嘴將雞肉蒸熟，水蒸氣又凝結成湯汁保存在氣鍋中，如此循環，保持了雞的原汁原味。

鑄鐵鍋

鑄鐵鍋是製作日式壽喜燒火鍋最合適的鍋具，鑄鐵鍋因為傳熱均勻，鍋中的熱量能保持穩定均勻，既能讓食物保持原狀，又能變得美味。鑄鐵還能釋放出鐵離子，對貧血和高血壓等病症都有幫助。看夠了現代感十足的各類鍋具，純手工鍛造的鑄鐵鍋絕對會讓你油然而生一種復古情懷。

砂鍋

砂鍋是由傳統的石英、長石、黏土等原料配合成的陶瓷製品，經過高溫燒製而成，具有很好的通氣性，並且傳熱均勻，散熱較慢，保溫性好。潮汕牛肉湯底、豆漿湯底和毋米粥湯底尤其適合使用砂鍋作為烹飪器皿，因為砂鍋可以使湯底保持在一個剛好適宜的溫度，既不會溫度過高使肉質變老，也不會溫度過低無法涮熟。

鴛鴦鍋

鴛鴦鍋起源於重慶，最早因中間隔板上有鴛鴦圖案而得名。鴛鴦鍋中間一道豎起的屏障將整個鍋體一分為二，能夠完美地使兩種不同的湯底結合於一鍋，可以隨心所欲地搭配麻辣湯底、番茄湯底、菌菇湯底、大骨湯底等任何兩種選擇，同時滿足吃辣與不吃辣的人、重口味與清淡口味的人，或葷素一同享用的效果。特別需要注意的是，在準備鴛鴦鍋湯底時，兩側都不要倒太滿，因為湯底沸騰後很容易漫過中間的隔層流到另外一側。湯底大概八分滿就可以了，當吃了一段時間後，湯底明顯減少時，可以再酌情添些湯。

巧用工具

湯杓

不論是哪種湯底,吃火鍋時都離不開一把長柄湯杓。像魚頭湯底、大骨濃湯湯底、日式豆漿湯底這些小火慢熬出的精華湯底,資深食客是一定要先盛出一碗湯底細細品味的:一來可以用鮮美的湯調動口腔裏的味覺細胞,二來沒有經過反復煮沸的湯底營養價值更高。已經涮過幾輪食材後的湯底就不建議飲用了。如果是牛油麻辣湯底、清油麻辣湯底,湯杓一樣可以派上大用場。搭配乾碟蘸料時,如果直接放入煮好的食材難免會味道太重,這時在火鍋的湯底中打上一杓原湯,不僅可以使乾碟蘸料的香氣得到釋放,還能為食材降溫,避免燙嘴。

漏杓

一把小小的漏杓,為吃火鍋帶來了極大的便利。鍋中軟嫩的豆腐、滑彈的丸子用筷子夾不起來,就需要漏杓出場了。漏杓可以濾去多餘的湯汁和油分,將食材完整撈出,這樣放入蘸料碟中,就不會因為過多的湯汁而將蘸料稀釋變得不夠味。漏杓還有一個功效,像豬腦花這種需要長時間涮煮又怕被煮破的食材,可以先盛入漏杓中,然後再放入火鍋中煮製。在漏杓的保護下,煮好的腦花可以保持完整的外形,煮熟後直接提起漏杓就能輕鬆撈出了。

長筷子

吃火鍋一般選用木質長筷子。普通的家用筷子由於長度不夠,在涮食菜品時容易導致手被火鍋騰起的熱氣熏燙受傷。在準備火鍋時,可以根據用餐人數,多準備一兩雙公筷。由於用筷子涮食肉片通常也就十來秒鐘,這樣短的時間難以將筷子徹底殺菌,不妨將夾生食入鍋的筷子與大家吃熟食的筷子分開,這樣就算筷子沒有經過徹底高溫殺菌,沾染了病菌或者寄生蟲卵,也不至於吞入腹中了。

味碟

每次吃火鍋時面對十餘種調味料，總是選擇困難。其實，只要多準備幾個味碟就可以解決這個問題。味碟的尺寸和手掌差不多大小最好，這樣盛放醬料剛好合適。火鍋熱氣騰騰，香氣逼人，許多人吃完火鍋才發現，嘴和舌頭的黏膜被燙傷了，甚至還有可能消化道黏膜也被燙傷了。如果經常這樣，就會增加患食道癌的風險。味碟的另一個作用是在蘸料的過程中讓食物充分接觸空氣、降低溫度，減少燙傷的風險。

竹筐

火鍋店的小酥肉通常是放在一個竹筐裏端上來，這是因為剛炸好的酥肉溫度高，如果用不透氣的瓷盤、瓷碗難免會導致位於下面的酥肉接觸不到空氣。手工編織的小竹筐四周透氣，熱氣可以透過氣孔散出去，這樣就可以使酥肉儘量長時間保持酥脆可口的狀態了。如果擔心竹筐不好清洗，不妨在每次使用時墊上一張一次性蛋糕紙，這樣既能將酥肉表面多餘的油分吸走，又能保持竹筐的乾淨。

基礎調味品

複製醬油

　　複製醬油是很多涼菜和小吃中不可或缺的一味調味料。由於火鍋的蘸料不能再加熱，直接放醬油會有股生醬氣味，所以使用複製醬油作為基礎調味料再合適不過了。複製醬油鹹甜適口，香味濃郁，做法簡單，也可以作為涼拌菜和小吃麵食的調味品。

　　製作複製醬油需要使用 250 毫升醬油、25 毫升清水、75 克冰糖、50 克紅糖和少許八角、草果、香葉、桂皮、小茴香、豆蔻等香料，以小火耐心熬製 20 分鐘左右，當醬油變得有些黏稠並煮出香味時即可關火，晾涼保存。

芝麻醬

　　芝麻醬是北方人吃火鍋最重要的蘸料，想要挑選出優質醇香的芝麻醬，有以下幾個秘訣。首先，純芝麻醬的顏色應該是略深的棕色，並且醬體細膩油滑，沒有過多沉澱物。其次，可以通過品嘗味道來判斷，味道上帶有一種微微油酥感的就是純正的芝麻醬。

　　買回來的罐裝芝麻醬通常都很濃稠、乾澀，不適合直接作為火鍋蘸料，需要加入溫水朝着一個方向慢慢攪拌，使水與醬融合在一起，達到滿意的稀稠度就可以了。

沙茶醬

　　沙茶醬是起源於潮汕，盛行於福建、廣東等地的一種混合型調味品。沙茶醬色澤淡褐，呈糊醬狀，具有大蒜、洋蔥、花生米等特殊的複合香味，以及蝦米和生抽的複合鮮鹹味，還有輕微的甜辣味。

　　沙茶醬可以分為福建沙茶醬、潮汕沙茶醬和進口沙茶醬三大類。福建沙茶醬帶有海鮮的自然香味，潮汕沙茶醬味道更濃郁厚重；進口沙茶醬又稱沙嗲醬，是盛行於印尼、馬來西亞等東南亞地區的沙茶醬，辛辣鮮香，具有開胃消食的功效。

蠔油

　　蠔油，顧名思義是用蠔熬製而成的調味料。蠔油是廣東常用的提鮮調味料，也是火鍋蘸料中經典的基礎調味料之一。蠔油不但味道鮮美、香氣濃郁，還含有豐富的礦物質元素和氨基酸，特別是其中富含鋅元素，是補鋅的首選膳食調味料。

　　蠔油不僅可以單獨調味，也可以與其他調味品搭配。在調製火鍋蘸料時，切忌與辛辣調味料、醋和糖搭配，因為這些調味料會有損蠔油的特色鮮香風味。

腐乳

　　腐乳又稱豆腐乳，通常分為青方、白方和紅方三大類，其中臭豆腐屬「青方」，火鍋常用的蘸料腐乳屬「紅方」。紅腐乳從選料到成品要經過近三十道工藝，表面呈自然的紅色，切面為黃白色，口感醇厚、風味獨特，並有增進食欲、幫助消化的功效。

　　紅腐乳通常是北方人調配火鍋蘸料的基礎調味料，和芝麻醬、花生醬等搭配在一起，可以增添一份鹹香，使蘸料的味道更加富有層次。

韭菜花醬

　　無論在寒冷的東北還是炎熱的南方，或是西北高原、沿海城鎮，都能發現韭菜生長的足迹。

　　雲南的傣族人幾乎家家都會醃製酸辣口味的韭菜花醬，搭配涼米線、涼拌牛肉等菜餚，又香又辣，特別開胃。

　　北方人通常在秋季製作韭菜花醬，採摘新鮮的韭菜花，加上鹽、鮮薑和蘋果，碾壓成醬後放入冰箱冷藏保存。涮羊肉時在調味料中加入韭菜花醬，不僅是因為它特殊的芳香氣味，更重要的是韭菜花具有一定的活血散瘀、殺菌除胃熱的功效。

普寧豆瓣醬

　　選取優質黃豆浸泡、蒸煮，經天然發酵製成調味醬，這是漢代以前就已經形成的技藝。廣東潮汕地區的普寧豆瓣醬味道可口，久負盛名，是潮汕菜甚至粵菜的基礎調味料。

　　優質普寧豆瓣醬呈金黃色，內含蛋白質等營養物質，至醇味香、鹹鮮帶甘，可用於佐餐蘸料或烹飪海鮮、肉類、蔬菜等。普寧豆瓣醬也是潮汕牛肉火鍋不可缺少的一味蘸料。

湯底

番茄湯底
美容養顏，一鍋搞定

🕐 25 分鐘
🔥 中等

🍲 特色

番茄湯底味道清香酸甜，不僅可以涮食各種肉和蔬菜，還可以在涮鍋前喝些富含維他命 C 的番茄湯，特別適合女士和兒童食用。

最佳蘸料

P.124 麻醬碟　　P.127 海鮮醬油碟

主料：番茄 4 個

輔料：番茄醬 3 湯匙，鹽適量，白糖適量，薑 2 片，大蒜 5 瓣，大蔥 1 段，油適量

適用鍋具：湯鍋

涮料搭配：海鮮類食材，如蝦丸、魚滑等；豆製品類食材，如豆腐皮和炸腐竹等

湯底

小貼士

如果家中有料理機，可以將番茄洗淨後切成大塊，放入料理機中攪打均勻。這樣處理過的番茄湯底更加細膩，沒有顆粒感。

🥄 做法

1 番茄洗淨，撕去表皮後切成儘量碎的小丁。

2 炒鍋加入適量油加熱，放入大蔥、薑、蒜炒出香味。

3 轉中小火，放入番茄丁炒至軟爛。

4 在鍋中加入足量水煮沸，加入白糖、鹽調味。

5 將蒜瓣和薑片撈出，調入番茄醬，繼續用小火熬至濃稠。

6 炒好的番茄湯底先盛出一碗備用，吃到後面味道變淡時可以再加入火鍋中。剩餘的倒入火鍋中，加入適量開水調勻，煮沸即可涮食。

🥄 **湯底升級**　番茄湯底適合與清湯、菌湯等搭配組成養生鴛鴦鍋，這樣即使是不能吃辣的人，也可以在一餐中享用到雙重美味。

老北京湯底
清清淡淡才是真

🕐 15 分鐘

🔥 簡單

◎ 特色

至簡的方式才能品味出食材至上的本味，在冬天吃上一頓熱氣騰騰的涮羊肉，這才是老北京人在寒冷天氣裏的正經事。

最佳蘸料

P.124 麻醬碟　　P.129 鹹香腐乳碟

主料：蝦米 10 克，紫菜少許
輔料：大蔥 3 段，薑 3 片，鹽 2 茶匙
適用鍋具：銅鍋
涮料搭配：肉類，如羊肉卷、肥牛片；綠葉蔬菜，如
　　　　　菠菜、茼蒿

1

2

3

4

◎ 做法

1 將蝦米用清水沖洗乾淨，放入鍋中。
2 取少許紫菜泡開，洗去泥沙。
3 把洗好的紫菜、蝦米和蔥段、薑片放入鍋中，加入足量清水煮沸。
4 水沸騰後撒入鹽調味即可。

小貼士
老北京火鍋的湯底清淡，可以先下入羊肉片或肥牛片涮食，這樣可以讓肉類的鮮味也進入湯中，燙菜、燙麵更有味道。

🥄 湯底升級
老北京火鍋的清湯湯底最能突出食材的本味。如果不喜歡吃蝦米或紫菜，也可以準備些乾冬菇泡發後用來替換湯底中的其他食材。

菌菇湯底

茹素小火鍋

🕐 15 分鐘

🔥 簡單

◎ 特色

簡單的菌菇火鍋非常適合在乍暖還寒的春天食用，沒有油膩的大魚大肉，既不會給腸胃造成過重的負擔，又能在乾燥的春季多燙食些應季蔬菜，補充多種維他命。

最佳蘸料

P.124　　　　P.132　　　　P.138
麻醬碟　　　菌菇醬碟　　日式醬油芥末碟

主料：乾冬菇 3 朵，金針菇 1 小把，蟹味菇 1 小把
輔料：骨湯 500 毫升，枸杞子少許，去核紅棗 2 顆
適用鍋具： 湯鍋
涮料搭配： 時令蔬菜，如油麥菜、青笋、粟米；素菜，
　　　　　　如素丸子、一口福袋

◎ 做法

1 乾冬菇用清水泡發，洗淨，頂部切十字花刀。
2 金針菇和蟹味菇分別洗淨，剪去底部的老根。
3 將骨湯倒入鍋中，放入冬菇、紅棗和枸杞子，大火煮沸。
4 煮沸後，放入金針菇和蟹味菇，即可涮食。

小貼士

從營養角度來說，乾冬菇和鮮冬菇的差別不大。但冬菇在曬乾的過程中，由於內部結構發生轉化，產生了一種特有的香味物質；因此用乾冬菇來做這款湯底，香氣會更加濃郁。

湯底升級

菌菇火鍋很適合素食愛好者食用，只要將骨湯替換為昆布湯就可以了。昆布湯既不會影響菌菇的鮮香味，又不含過多的脂肪，非常健康。

毋米粥湯底

營養豐富，老少皆宜

🕐 90 分鐘

🔥 簡單

🌀 特色

精選的珍珠米與純淨水一起細火慢熬，待米與水達到高度的融合。由於粥的密度較大，無論涮燙海鮮、肉片，還是蔬菜，都能充分鎖住食材的營養和水分，保證樣樣鮮嫩。

最佳蘸料

P.126 沙茶醬碟　　P.130 金牌蠔油味碟

主料：珍珠米 100 克
輔料：油 1 湯匙
適用鍋具：砂鍋
涮料搭配：海鮮類，如蛤蜊（蜆）、鮮蝦、魚片等；
　　　　　青菜類，如時蔬拼盤

🍲 做法

1 珍珠米用清水沖洗一遍，加入足量清水沒過米，浸泡半小時左右。

2 將米瀝乾水分後，加入 1 湯匙油，拌勻。

3 砂鍋加入足量水煮滾，倒入拌好的米，順時針攪拌直至米粒膨脹變大，隨後轉小火慢慢熬煮 30 分鐘左右。

4 撈出煮好的米粒，放入料理機中，攪打成細膩的米糊，取適量倒回砂鍋中，與米湯攪拌均勻，再次滾開即可。

小貼士

吃剩的白粥或者米飯也可以加入適量熱水攪打成米湯，作為毋米粥的湯底；如果喜歡細膩的口感，可再用濾網過濾一下，會更加順滑。

🥄 湯底升級

原味毋米粥湯底中，還可以加入少許攪打均勻的南瓜泥，攪煮均勻後就可以製作出金燦燦的南瓜毋米粥湯底。

菊花暖湯底
待到重陽日，還來就菊花

🕐 40 分鐘

🔥 中等

≋ 特色

菊花暖鍋是一道從清朝皇宮中傳出來的宮廷美食，和現代的麻辣鮮香、重口味的火鍋不同，菊花暖鍋令人耳目一新，看着就想大快朵頤。

最佳蘸料

P.124 麻醬碟　　P.130 金牌蠔油味碟

主料：乾菊花 30 克，魚骨 2 條
輔料：枸杞子少許，大葱 2 段，薑 2 片
適用鍋具：湯鍋
涮料搭配：肉類，如魚片、烏雞卷；素菜，如粉條、
　　　　　油條

◎ 做法

1 菊花和枸杞子用溫水浸泡 5 分鐘左右，撈出備用。

2 將魚骨和葱薑放入鍋中，加入足量清水，煮沸後轉中小火，慢燉 30 分鐘左右。

3 魚湯燉好後，將魚骨和葱薑等雜質撇去不用，瀝出清澈的魚湯，倒入湯鍋中。

4 在湯底中加入浸泡好的菊花和枸杞子，再次煮沸後，即可下入食材燙熟食用。

小貼士
菊花湯底味道清香，最好不要與味道較重的食材如牛羊肉等一同涮食，以免搶了菊花的香氣。

湯底升級
如果有條件也可以選用新鮮的菊花入饌，深色的菊花有些苦味，以白色和黃色的菊花為佳。輕輕用清水沖洗乾淨，撕下花瓣或整朵放入湯底中皆可。

清油麻辣湯底

麻辣辛香，熱情似火

🕐 60分鐘

🔥 高級

♨ 特色

清油麻辣湯底使用植物油作為原料，帶有一種自然的清香味。植物油不含膽固醇，吃起來油而不膩，比牛油麻辣湯底更爽口。

最佳蘸料　　

P.125 蒜蓉麻油碟　　P.128 海椒乾碟

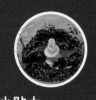

小貼士
糍粑辣椒的做法是將乾辣椒用清水浸泡後放入鍋中，小火煮 30 分鐘左右直至完全軟脹，然後撈出，瀝乾水分，攪打成乾稠狀態的辣椒蓉。

主料：菜籽油適量，骨湯或高湯適量
輔料：乾青花椒粒 3 湯匙，大葱 3 段，薑 5 片，蒜 10 瓣，
　　　郫縣豆瓣醬 3 湯匙，糍粑辣椒 300 克，小茴香 2 湯匙、
　　　山奈（沙薑）1 湯匙、八角 2 顆、桂皮 1 塊、丁香 1
　　　湯匙、草果 1 顆、香葉 2 片，高度白酒 20 毫升
適用鍋具：湯鍋
涮料搭配：內臟，如鴨腸、毛肚、鴨血；肉類，如手切五
　　　　　花肉、手剁貢菜丸子、泡椒醃牛肉片

🥄 做法

1 小茴香、山奈、八角、桂皮、丁香、草果和香葉混合均勻，放入料理機中攪打成粗顆粒狀的香料粉備用。

2 將足量菜籽油倒入炒鍋中，大火將油加熱至冒煙後關火，將油溫放至六成熱，放入薑片、蒜瓣和大葱段，炸至焦黃出香後撈出。

3 用中火繼續將油加熱，下入一半糍粑辣椒，慢慢炒勻。當鍋中的水分減少，下入剩餘的糍粑辣椒繼續翻炒，直至辣椒顏色發白且散發出辣椒的香氣。

4 當鍋中清油呈現出紅亮的色澤，即可加入郫縣豆瓣醬、乾青花椒粒和香料粉，繼續翻炒出香味。

5 最後倒入白酒翻炒均勻，等到底料中無酒味、無水氣時，即可關火晾涼。

6 取適量清油麻辣湯底料，放入湯鍋中，加入骨湯或高湯，煮沸即可涮食。

🥄 **湯底升級**　這湯底料大多選用乾的青花椒粒，這樣能突出湯底的幽麻清香。若選用乾紅花椒粒，則主要突出的是麻辣味，也可以兩者各半混用，風味更佳。

牛油麻辣湯底

重慶老湯底的靈魂

🕐 50 分鐘

🔥 高級

♨ **特色**

在不斷熬煮底料的過程中,牛油的油脂香不斷釋放出來,而底料中的複雜香氣也不斷融入其中,最終讓火鍋散發出醇香迷人的味道。

最佳蘸料

P.125 蒜蓉麻油碟　　P.128 海椒乾碟

小貼士

桂皮、草果和八角等香料外殼堅硬，用工具捶開可以幫助香料中的香氣更好地散發出來，使湯底更加入味。

主料：牛油 300 克，郫縣豆瓣醬 5 湯匙，醪糟 3 湯匙
輔料：骨湯 500 毫升，草果 2 顆，陳皮 1 片，桂皮 1 片，
　　　八角 1 顆，香葉 3 片，豆蔻 3 顆，小米椒 10 隻，大
　　　葱 1/2 段，蒜 1 頭，薑 1 塊，菜籽油 5 湯匙，紅花
　　　椒 3 湯匙，青花椒 3 湯匙，乾紅辣椒 1 小碗，鹽適量，
　　　冰糖 1 湯匙
適用鍋具：湯鍋
涮料搭配：內臟類，如毛肚、鴨腸、串串牛肚；素菜，如豐收拼盤、豆製品拼盤

🥄 做法

1 將草果、桂皮、陳皮、八角、香葉和豆蔻用紗布包好並錘碎，然後將包裹着碎香料的紗布袋放入冷水中浸泡 10 分鐘左右，撈出瀝乾備用。

2 葱薑蒜和小米椒分別洗淨，切成碎粒；乾紅辣椒剪成約 2 厘米長的小段。

3 炒鍋洗淨，燒熱，放入菜籽油和牛油，慢慢小火化開。

4 轉大火燒熱油，下入郫縣豆瓣醬、葱薑蒜末、小米椒碎、瀝乾的香料碎和青紅花椒，轉小火翻炒出香氣。

5 所有香料炒勻後，加入醪糟、乾辣椒段、鹽和冰糖，繼續翻炒均勻。

6 保持中小火，炒至辣椒段變得油亮紅潤即可撈出，放入火鍋容器中，倒入骨湯，煮沸即可。

🥄 **湯底升級**　一個人在家想吃火鍋時，準備這樣一鍋麻辣鮮香的湯汁，搭配一些自己喜歡的食材，就可享受一個人的快樂時光了。

潮汕牛肉湯底

牛肉還能吃得這麼講究

🕐 150 分鐘

🔥 高級

≋ 特色

對於牛肉火鍋來說，這鍋牛骨清湯是關鍵。煲好的牛骨湯透着牛肉的鮮香清潤，而必不可少的白蘿蔔和粟米既有吸油解膩的作用，還能夠增加清香之氣。

最佳蘸料

P.126
沙茶醬碟

P.127
海鮮醬油碟

P.134
沙薑葱蓉碟

主料：牛尾骨適量
輔料：白蘿蔔 1/4 條，粟米 1/4 條，大葱 1 段，薑 2 片
適用鍋具：砂鍋
涮料搭配：牛肉類食材，如肥牛片、牛肉丸、牛雜等

小貼士

潮汕牛肉火鍋在涮肉時講究在 80℃ 左右的溫度下將牛肉低溫慢煮。湯底沸騰後先轉中火，將牛肉均勻鋪在漏杓中，入湯後迅速用筷子將其抖散，至肉均勻變色後撈出抖兩下，再次入湯中涮 8~10 秒最佳。

湯底升級

牛肉火鍋的湯底可以加入些牛雜和潮汕手打牛肉丸一同煮製，這樣既不會破壞牛骨清湯的傳統味道，還能夠增香。牛雜和牛肉丸涮食不易熟，需要多煮一會兒才合適。

做法

1 將牛尾骨清洗乾淨，冷水入鍋煮沸。

2 倒掉血水，再次清洗乾淨牛骨上的血沫，然後放入砂鍋中，加入多半鍋清水和葱薑，蓋上鍋蓋，大火燒開後轉小火慢燉 2 小時。

3 白蘿蔔洗淨、去皮，切成和手指長短粗細差不多的長條。粟米切成約 2 厘米寬的小段。

4 牛肉湯煲好後，用濾網撈出葱薑等雜質和油花。下入白蘿蔔和粟米煮沸，即可涮食牛肉等菜品。

椰子雞湯底

椰味芬芳，口口潤喉

🕐 30 分鐘

🔥 中等

◎ 特色

椰子雞火鍋是起源於海南的美食，口感清甜的湯底使之成為火鍋界的一股清流，喝上一口，彷彿置身於海南島的椰林樹影中，愜意極了。

最佳蘸料　　

P.127 海鮮醬油碟　　P.131 上癮小米辣碟

主料：走地雞 1 隻
輔料：椰青 2 個
適用鍋具：湯鍋
涮料搭配：蔬菜，如白蘿蔔、菌菇拼盤、菜花拼盤；
　　　　　丸類，如魚滑、芝士包心丸

小貼士
椰子雞火鍋應該先飲湯、後涮菜，且涮料的順序應由清淡到濃郁排列。因青菜加熱後椰汁湯底會變得有些許苦澀感，所以應最後涮食青菜，以免破壞椰子湯底的香味。

湯底升級
竹笙是椰子雞火鍋最搭調的配料之一，可以用清水提前泡發，隨雞肉一同下鍋煮熟，即可做成竹笙椰子雞火鍋。

◎ 做法

1 將走地雞洗淨，斬成適宜入口的小塊。
2 用清水反復沖洗雞塊，儘可能洗淨雞肉中的血水。
3 椰青剖開，取出椰汁，倒入湯鍋中，再將椰子肉切成約一指寬的椰肉條。
4 將椰汁煮沸，下入雞肉和椰肉條，再次煮沸即可。

酸菜白肉湯底

東北人家的過年菜

🕐 50 分鐘

🔥 中等

🍲 特色

酸菜白肉是一道傳統地道的東北菜，口味酸香鹹鮮，爽口的酸菜和綿滑的五花肉交織在一起，肥而不膩。

最佳蘸料

P.124 麻醬碟　　P.137 蒜醬碟

主料：東北酸菜 1 棵，帶皮五花肉少許
輔料：大葱 1 段，薑 3 片，八角 1 顆，鹽適量，十三香適量，
　　　油適量
適用鍋具：砂鍋
涮料搭配：肉類，如手切五花肉、酥肉、肥腸；素菜，如
　　　　　凍豆腐，粉條

小貼士

地道的酸菜白肉鍋要用煮肉的清湯，不能加入生抽、老抽等顏色較重的調味料調味。如果覺得吃起來寡淡不過癮，可以用生抽、老抽、蒜泥製作一盤蘸料。

做法

1　將帶皮五花肉洗淨，用刀仔細刮洗乾淨表皮的毛。

2　湯鍋中放入適量涼水，放入整塊五花肉，加入葱薑、八角。蓋上鍋蓋，中小火煮 20 分鐘左右。

3　煮肉時，將酸菜投洗幾次，去除過多的酸味和鹹味。

4　將酸菜一片片撕下來，用刀在白菜梗較厚的地方橫向片成兩半。

5　片好的酸菜切成細絲，然後攥乾水分。

6　取出煮好的五花肉晾涼，切成儘量薄的肉片；肉湯過濾後留下備用。

7　炒鍋燒熱，放入適量油，放入酸菜絲炒散，根據個人口味加入適量鹽和十三香調味。

8　取一個砂鍋，在底部鋪上炒好的酸菜，頂部鋪上五花肉片。最後沿着鍋邊將過濾好的肉湯緩緩倒入鍋中，煮沸即可。

🥄　**湯底升級**

如果家中剛好有豬紅、豬雜和大棒骨，不妨和五花肉一起加入鍋中，做成一餐具有東北特色的「殺豬菜」。

大骨濃湯湯底

念念不忘的經典味道

🕐 150 分鐘

🔥 中等

〰️ 特色

喝一口營養的濃湯，啃一塊噴香的大棒骨。僅僅是湯底就已經讓人這麼心滿意足。這款湯底大概是最適合一家老小圍坐在一起涮火鍋的了。

最佳蘸料

| P.127 | P.132 | P.137 |
| 海鮮醬油碟 | 菌菇醬碟 | 蒜醬碟 |

主料：筒子骨 1 個，牛奶 50 毫升
輔料：大蔥 2 段，薑 2 片，料酒 2 湯匙，鹽適量
適用鍋具：砂鍋
涮料搭配：豆製品，如豆腐皮、油豆腐、老豆腐；菌類，如菌菇拼盤

> **小貼士**
> 燉煮骨湯時加入適量牛奶，可以使骨湯變得顏色潔白，質地濃稠。牛奶和骨湯中都富含鈣質，對身體非常有益。

> 🥄 **湯底升級**
> 大骨濃湯湯底味道清淡，帶着豬骨湯最質樸的香氣。如果想要味道更特別一些，可以選擇用羊骨來熬製湯底。

🥄 做法

1 筒骨洗淨，冷水入鍋焯熟，水沸騰後將筒骨翻動幾下，受熱均勻即可關火。

2 將筒骨撈出，冷水快速沖洗去表面的浮沫和血渣。

3 砂鍋中加入足量冷水，放入汆燙好的筒骨和蔥薑、料酒，大火煮沸，然後蓋上鍋蓋，轉中火慢燉 2 小時左右。

4 取乾淨的筷子輕輕插在筒骨上，如果肉質變得軟爛了，就倒入牛奶，加適量鹽調味即可。

海鮮湯底

鮮到掉眉毛

🕐 15 分鐘

🔥 簡單

⌇ 特色

廣東人管涮火鍋叫做打邊爐,這款海鮮火鍋湯底便是經典的廣式火鍋湯底。舊時打邊爐需要用比普通筷子長一倍的筷子,站立涮食,另有一番特別的情趣。

最佳蘸料

P.126
沙茶醬碟

P.130
金牌蠔油味碟

P.134
沙薑蔥蓉碟

主料:蝦乾 5 隻,瑤柱少許
輔料:老薑 2 片,大蔥 1 段,白蘿蔔 1/4 條,鹽適量
適用鍋具:湯鍋
涮料搭配:時令海鮮,如鮮蝦、蛤蜊(蜆)、魷魚;
　　　　　丸子類,如港式魚蛋、蛋餃、蝦滑

◎ 做法

1 用溫水將蝦乾和瑤柱清洗一下,儘量洗去晾曬時表面沾到的灰塵。
2 在湯鍋中加入足量清水,放入洗好的蝦乾、瑤柱和老薑片。大火煮沸後繼續煮 2 分鐘左右。
3 白蘿蔔洗淨,削去外皮,切成 0.5 厘米左右厚的片。
4 將白蘿蔔、蔥段下入鍋中,加入適量鹽調味即可。

湯底

小貼士

蝦乾和瑤柱都屬海鮮乾貨,處理不好會有些腥味。冷水下鍋比熱水下鍋的去腥效果會更佳一些。

⎰ 湯底升級

正宗的廣東打邊爐通常會用清湯湯底來涮食食材,如果覺得味道過於清淡,也可以用骨湯或魚湯代替清水。

酸菜魚湯底

酸辣脆爽，好不過癮

🕐 45 分鐘

🔥 中等

🍲 特色

酸菜魚烙下的味覺記憶基本相似，湯底酸辣、魚肉鮮嫩，這種激爽甜暢，一口就讓你上癮，好吃到讓你的靈魂打顫。

小貼士

煎魚骨時可以儘量煎乾、煎透，這樣熬出來的魚湯才更加香濃。

最佳蘸料

P.137 蒜醬碟　　P.131 上癮小米辣碟

主料：魚骨 2 條，酸菜 1 包
輔料：油少許，乾辣椒 2 隻，白胡椒粉少許，大葱 2 段，薑 2 片
適用鍋具：湯鍋
涮料搭配：肉類，如魚肉片、魚丸等；素菜，如老豆腐、油豆皮

🥄 做法

1 魚骨洗淨，用廚房紙巾吸乾多餘的水分。
2 鍋中加入少許油，放入魚骨和薑片煎出香味。
3 魚骨煎好後加入適量清水，放入葱段、白胡椒粉，大火燒開，再轉中小火慢燉半小時左右。
4 熬製魚高湯耗時較久，可以在這期間將酸菜反復清洗幾次，儘量減少其中的鹽分，然後切成適宜入口的塊備用。
5 當魚湯熬成奶白色時，關火，將魚骨等雜質濾去不用，留下高湯。
6 將酸菜和乾辣椒放入火鍋中，倒入適量魚湯，大火煮沸即可。

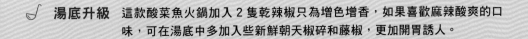

🥄 **湯底升級**　這款酸菜魚火鍋加入 2 隻乾辣椒只為增色增香，如果喜歡麻辣酸爽的口味，可在湯底中多加入些新鮮朝天椒碎和藤椒，更加開胃誘人。

魚頭湯底

喝湯、涮菜兩不誤

🕙 60 分鐘

🔥 高級

◎ 特色

對於嘴刁的食客來說，魚頭是不可多得的寶貝。魚腦中富含膠質和磷脂，魚眼中含有豐富的 B 族維他命和不飽和脂肪酸，魚肉含有優質的蛋白質，每一口都鹹鮮軟糯、令人欲罷不能。

小貼士
魚頭煮久了肉質會變得有些老，因此最好先吃魚頭、魚肉，然後再加些其他食材來涮火鍋。

最佳蘸料

P.127 海鮮醬油碟　　P.130 金牌蠔油味碟

主料：魚頭 1 個
輔料：紹酒 1 湯匙，油適量，花椒 1 湯匙，薑 2 片，葱花少許，鹽適量
適用鍋具：湯鍋
涮料搭配：豆製品，如老豆腐、腐竹；主食，如馬鈴薯粉、手工麵、四喜果蔬麵、新疆拉條子

◎ 做法

1　魚頭洗淨，對半剖開，淋上紹酒，醃製 15 分鐘左右備用。

2　炒鍋燒熱，倒入適量油，將花椒、薑片炒出香氣。

3　下入魚頭，兩面分別煎兩三分鐘，然後加入足量開水沒過魚頭。

4　大火煮沸後加入鹽調味，然後轉小火慢燉 20 分鐘左右，直至湯汁呈現出奶白色。

5　用漏杓將魚湯中的花椒、薑片等雜質撈出。

6　將魚頭完整撈出，擺在湯底中，倒入魚湯，並撒入葱花，即可涮食。

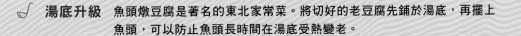

湯底升級　魚頭燉豆腐是著名的東北家常菜。將切好的老豆腐先鋪於湯底，再擺上魚頭，可以防止魚頭長時間在湯底受熱變老。

昆布味噌湯底

熱量超低的美味

🕐 75分鐘

🔥 簡單

≋ 特色

昆布味噌湯是頗具日本特色的菜餚之一，也是衡量日料店基本功的標準之一。從小小的味噌湯中就能發現料理者的用心和極致。海鮮和蔬菜在昆布味噌湯底的襯托下，口感更加清甜鮮美。

最佳蘸料　　　

　　　　　P.136 全蛋蘸料碟　　P.138 日式醬油芥末碟

主料：昆布 1 片，裙帶菜少許
輔料：味噌 2 湯匙，蔥花少許
適用鍋具：湯鍋
涮料搭配：蔬菜，如白蘿蔔、金針菇、時蔬拼盤；海鮮，如竹籤蝦、扇貝、蟶子

◎ 做法

1 用濕毛巾將昆布表面擦洗乾淨，放入碗中，加入足量清水浸泡 1 小時以上備用。
2 取少許裙帶菜，放入乾淨的碗中泡水備用。
3 泡好的昆布連昆布水一同倒入鍋中，煮沸後轉小火，慢煮 10 分鐘左右。
4 將昆布撈出，加入味噌，充分攪拌均勻。
5 泡好的裙帶菜瀝乾水分，放入鍋中，攪拌幾下就可以了。
6 將做好的昆布味噌湯底倒入湯鍋中，撒入蔥花，即可涮食其他食材。

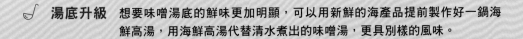

🥄 **湯底升級**　想要味噌湯底的鮮味更加明顯，可以用新鮮的海產品提前製作好一鍋海鮮高湯，用海鮮高湯代替清水煮出的味噌湯，更具別樣的風味。

壽喜湯底

鮮從中來

🕙 40 分鐘

🔥 中等

☯ 特色

別被「壽喜鍋」這個名字唬住，其實它就是一鍋文藝版的「亂燉」。簡單暴力的做法，味道卻帶着日式料理的恬淡。

最佳蘸料

P.136 全蛋蘸料碟　　P.138 日式醬油芥末碟

主料：鮮冬菇 3 朵，老豆腐 1 小塊
輔料：日本醬油 8 湯匙，白糖 2 湯匙，油適量
適用鍋具：壽喜鍋
涮料搭配：蔬菜，如金針菇、娃娃菜、茼蒿；丸類，如粟米雞肉小香腸、涮壽司

湯底

小貼士
日式壽喜鍋通常較淺，因此鍋中的湯汁不宜過多。最好是將鍋中的食材全部吃完後再下另一撥食材。

1

2

3

4

5

6

☯ 做法

1　老豆腐切成約 1 厘米厚的片，用廚房紙巾吸乾表面的水分備用。
2　平底鍋中加入適量油，放入豆腐，煎至兩面焦黃。
3　冬菇洗淨，去蒂，表面切成十字花。
4　鍋中加入適量清水，倒入日本醬油和白糖，攪拌均勻後煮沸。
5　水沸後將冬菇和煎好的豆腐整齊碼入鍋中，蓋上蓋子，煮製 3~5 分鐘。
6　煮好後將其他準備涮食的食材也碼入鍋中，燜煮一會兒就可以享用了。

🥄 **湯底升級**　簡單的壽喜鍋有着豐富的味道，若想湯底的風味更濃郁，可以用昆布高湯替換清水即可。

部隊芝士湯底
快手家常，簡單易做

🕐 40分鐘
🔥 中等

🍲 特色

最常見的食材裹着甜辣的醬汁，放入口中，猶如舌頭上跳躍的精靈，在你的味蕾上翩翩起舞。

主料：韓國辣醬 2 湯匙，韓國辣白菜 1/2 棵，辛辣麵 1 塊
輔料：生抽 1 湯匙，辣椒粉 1 茶匙，蜆（蛤蜊）200 克，芝士 1 片
適用鍋具：湯鍋
最佳蘸料：部隊芝士鍋一般不需要蘸料
涮料搭配：丸子，如港式魚蛋、芝士包心丸；肉類，如午餐肉、火腿；主食，如手工螺絲粉、四喜果蔬麵

小貼士
傳統的部隊鍋裏必須要有泡菜、辣醬、年糕、芝士片和辛辣麵，年糕較硬不容易煮熟，可以先用熱水浸泡幾分鐘，就很容易煮熟了。

🥄 做法

1 蜆刷洗乾淨，放入鍋中，加入足量清水，大火煮沸。
2 貝殼打開後，將湯濾出，即成了海鮮湯底。
3 取適量韓國辣醬放在小碗中，加入生抽和辣椒粉，攪拌均勻。
4 取出韓國辣白菜，改刀切成適宜入口的塊。
5 將煮好的海鮮湯底倒入鍋中，並在鍋子中間堆上切好的辣白菜。
6 用杓子將調好的辣醬鋪於辣白菜上方，然後放入辛辣麵和芝士煮沸即可。

🥄 **湯底升級** 煮湯底時可以加入生的北極甜蝦、白蘿蔔、金針菇和黃豆芽，這幾樣食材的加入可以將火鍋的滋味提升好幾倍。

咖哩湯底

濃濃的異國風情

🕐 30 分鐘

🔥 中等

◎ 特色

咖喱本是舶來品。濃郁金黃的湯底在鍋裏翻滾，令食材浸透咖喱的辛香，夾起來，再澆點湯，味道十分討喜，讓人停不下筷子。

小貼士
咖喱火鍋比較濃稠，長時間燉煮容易糊湯底，因此咖喱火鍋的食材最好提前焯水處理一下，這樣涮食起來既方便又美味。

主料：咖喱塊 4 塊，椰漿 150 毫升
輔料：油 2 湯匙，洋葱 1/2 個，骨湯 500 毫升，鹽或白糖
　　　適量
適用鍋具：湯鍋
最佳蘸料：咖喱火鍋一般不需要蘸料
涮料搭配：肉類，如肥牛片、烏雞片；丸類，如芝士包心丸、港式魚蛋；蔬菜類，
　　　　　如菜花拼盤、豐收拼盤

◎ 做法

1 洋葱剝去外皮，切成約 1 厘米見方的小丁。
2 炒鍋中加入油燒熱，放入洋葱丁翻炒爆香。
3 將骨湯倒入鍋中，大火煮沸後轉中小火，煮至洋葱變得軟爛。
4 放入咖喱塊，並不停攪拌使咖喱塊均勻化開。
5 然後根據個人口味酌情加入椰漿、鹽或白糖調味，將湯底倒入湯鍋中即可。

🥄 **湯底升級**　最好在咖喱湯底煮好後再放椰漿，因為經過長時間高溫燉煮，椰漿會產生水油分離的狀況，影響口感和賣相。

日式豆漿湯底

精緻到骨子裏

🕐 25 分鐘
🔥 中等

小貼士

羊肉的膻味與海鮮的腥味會影響豆漿火鍋的風味，牛肉和豬肉才是豆漿湯底的最佳拍檔哦。

〰 特色

涮火鍋是冬天裏的必備活動，一桌人圍着白煙裊裊的鍋子，被豆漿包裹的肉片比以往更加滑嫩，熱騰騰吃進肚子裏，五臟六腑都被熨燙得妥妥帖帖。

最佳蘸料

P.138 日式醬油芥末碟　　P.136 全蛋蘸料碟

主料：豆漿 800 毫升

輔料：昆布 1 片，鹽少許

適用鍋具：湯鍋

涮料搭配：豆製品，如嫩豆腐、豆皮等；蔬菜，如秋葵、菜花拼盤

湯底升級

豆漿和昆布高湯的比例可以根據個人的喜好進行微調，喜歡豆漿味濃些就減少昆布高湯的量即可。豆漿的量可以多預備一些，吃到一半湯底中湯汁變少時，可以隨時添些豆漿作為補充。

🥣 做法

1 用流動的清水將昆布表面的雜質清洗乾淨，用 400 毫升清水浸泡一晚備用。

2 取出昆布，將浸泡昆布的湯汁過濾後倒入鍋中煮沸。

3 水沸騰後，加入少許鹽調味，並攪拌至完全溶化。

4 緩緩倒入豆漿，中小火煮至半開就可以開始涮肉了。

涮 料

魚片

一魚多吃，涮菜喝湯兩不誤

🕐 30 分鐘

🔥 高級

◎ 特色

魚片晶瑩剔透，用筷子夾起來對着光，可以看見魚肉的紋理。只需在火鍋的湯汁中微微一涮，就能嘗到最鮮嫩的口感。

主料：鯇魚 1 條
輔料：鹽少許，料酒 2 湯匙，黑胡椒粉適量，
　　　生粉適量
涮製時間建議：約 1 分鐘

小貼士

片魚片後剩下的魚骨和雜碎的魚肉不要浪費，可以用小火煎至金黃，加入清水熬成魚湯，便是很好的火鍋高湯湯底。

◎ 做法

1 魚洗淨後去鱗、去內臟。
2 沿着魚的脊骨，將兩側的魚肉整片片下來。
3 將兩片魚肉沖洗一下，洗去血水，然後用廚房紙巾吸乾水分。
4 找到兩片魚肉的魚肚部分，將魚腹腔部分的骨和刺片去不要。
5 用手將去骨、去刺後的魚肉在案板上按平，將刀傾斜 60° 左右，慢慢切出魚片。
6 所有的魚肉都切成魚片後，再次沖洗掉血水，瀝乾水分。
7 將魚片放入大碗中，加入鹽、料酒、生粉和黑胡椒粉抓勻。
8 每一片魚片都均勻裹上調味料後，將魚片盛入乾淨的碟中即可。

魚豆腐

來自海洋的美味饋贈

🕐 80 分鐘

🔥 高級

⟨⟩ 特色

魚豆腐是關東煮和涮火鍋的常客,用上好的魚肉絞碎做出來的魚豆腐,「魚味兒」更濃厚,營養也更豐富。

小貼士

生粉可以使魚豆腐的口感更加彈牙,如果家中沒有生粉,用其他澱粉代替也是可以的。

主料:龍脷魚魚肉 250 克
輔料:生粉 1 湯匙,生抽 1/2 湯匙,料酒 1/2 湯匙,胡椒粉少許,鹽少許,油適量
涮製時間建議:約 2 分鐘

⟨⟩ 做法

1 龍脷魚魚肉洗淨,用廚房紙巾吸乾水分。
2 將魚肉切成小塊,如果有魚刺和連着的筋膜,要儘量剔除乾淨。
3 切好的魚肉加入料酒、鹽和胡椒粉抓勻,靜置 5~10 分鐘入味。
4 將醃好的魚肉放入料理機中,攪拌成細膩的魚肉泥。
5 將魚肉泥挖出,加入生粉和生抽,用筷子順着一個方向攪拌均勻。
6 取一個尺寸合適的模具,內部刷少許油,將魚泥填入模具,震實後刮平表面。
7 烤箱設置上下火 160℃,放入模具,烤製 25 分鐘左右。
8 烤好後將魚豆腐放涼,冷卻後脫模,切成 2 厘米見方的小塊。
9 平底鍋倒入少許油燒熱,放入魚豆腐,煎至各面金黃即可撈出。

魚滑

彈牙順滑，營養滿分

🕐 35 分鐘

🔥 中等

特色

打魚滑在老牌的粵菜餐廳是個功夫活，不僅要有力氣，更要眼明手快、力道準確。只有付出足夠的耐心和時間，才能打出魚滑的最佳口感。

主料：鱸魚 1 條
輔料：粟粉 5 克，檸檬 1/2 個
涮製時間建議：約 3 分鐘

做法

1 鱸魚洗淨，剔去外皮和魚刺。

2 將檸檬洗淨，切成薄片，平鋪於魚肉上，醃製 10 分鐘左右。

3 將醃製好的魚肉放入料理機中，加入少許清水，攪打成泥。

4 取出魚泥放入碗中，加入粟粉，用筷子順着一個方向攪打上勁。

5 魚滑攪打上勁後，用小杓分成適宜的大小，即可涮食。

蝦滑
爽滑彈牙，營養滿分

⏱ 20 分鐘
🔥 中等

小貼士

做蝦滑最適合用青蝦或其他品種的鮮蝦。凍蝦和凍蝦仁經過冷凍處理，會使蝦肉失去彈性，影響口感；貝肉、雞肉、魚肉也可以用製作蝦滑的方式分別製成貝肉滑、雞肉滑和魚肉滑。

〰 特色

蝦肉中脂肪含量較少，蛋白質含量卻很豐富。哪怕用最簡單的湯底，燙好的蝦滑都是一樣的細膩爽脆，帶給你滿滿的美味與營養。

主料：青蝦 500 克
輔料：雞蛋 1 個，料酒 1 湯匙，鹽適量，生粉適量
涮製時間建議：約 3 分鐘

🥢 做法

1 青蝦去頭尾、外殼和泥線，洗淨備用。
2 用刀背將蝦肉剁成蝦糜，如果喜歡彈牙的口感，可以不用剁太碎。
3 蛋白和蛋黃分離，蛋黃放到一邊不用，留下蛋白。
4 將蛋白、料酒和鹽加入蝦糜中，用筷子順着一個方向不停攪拌，直至蝦糜變得緊致有黏性。
5 分次加入生粉，繼續用力攪拌均勻。
6 將拌好的蝦滑取出，抹平在碟子裏。涮食前用小杓分割成適宜入口的大小即可。

竹籤蝦

涮火鍋的百搭食材

🕐 15 分鐘

🔥 簡單

 特色

用竹籤將蝦穿起來，頗有一種吃串串的感覺。蝦中富含硒、碘、鋅等礦物質元素，對健康大有裨益。

主料：九節蝦 10 隻
輔料：長竹籤 10 支
涮製時間建議：約 3 分鐘

小貼士

為了保持竹籤蝦的外形完整，沒有將蝦開背去除蝦線。涮好後剝殼時注意剔除蝦線即可進食。

1

2

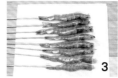

3

4

🥄 **做法**

1 九節蝦清洗乾淨，剪去蝦腳和蝦鬚。
2 用手把蝦的身體拉直，從蝦尾的下面插入竹籤，一直插到蝦頭和身體交接的部位。
3 所有的蝦穿好後，用廚房紙巾吸乾多餘的水分。
4 將竹籤蝦擺在碟中，即可隨吃隨涮了。

魷魚鬚
吃一口就上癮

⏱ 15 分鐘

🔥 簡單

小貼士

新鮮魷魚中含有一種多肽成分，若未煮透就食用，會導致腸運動失調。涮火鍋時大概燙煮6~8分鐘，這時火候最佳。

🍲 特色

魷魚的營養價值毫不遜色於牛肉和金槍魚（吞拿魚），魷魚具有高蛋白、低脂肪、低熱量的優點，還含有多種維他命和鈣、磷、鐵、碘等多種礦物質元素。

主料：魷魚鬚適量
輔料：鹽少許
涮製時間建議：約 6 分鐘

做法

1 將魷魚鬚放在流水下沖洗，手上蘸少許鹽，搓洗去魷魚鬚上的黏液，並撕掉外皮上的黏膜。
2 搓洗至魷魚鬚的吸盤部分時，可以用指甲稍稍摳去吸盤的外圈。
3 用清水沖洗兩三次，洗去雜質。
4 將魷魚鬚一條條剪下，在盤中擺放整齊即可。

龍脷魚柳

健康低脂高蛋白

 20 分鐘

簡單

小貼士

龍脷魚肉無骨、無刺，可以切成魚柳，也可以切成魚片，搭配酸菜魚火鍋涮食更加合適。

特色

龍脷魚肉質久煮不老，無腥味和異味，特別適合在味道清淡的湯底中涮食。

主料：龍脷魚 1 塊
輔料：薑絲少許，料酒 1 湯匙
涮製時間建議：約 3 分鐘

做法

1 龍脷魚解凍後用廚房紙巾擦乾水分。
2 將魚肉切成和拇指長短大小差不多的魚柳。
3 將魚柳放入碗中，加入薑絲和料酒抓勻，醃製 15 分鐘左右即可。

花蛤

清湯湯底也能涮出美味

⏱ 40 分鐘

🔥 簡單

 涮料

◎ 特色

和大多數海鮮食材一樣，花蛤肉質細嫩，只需要簡單的清湯就能品嘗到最鮮的味道。但花蛤雖鮮卻性質寒涼，吃得過多會導致脾胃虛寒，引發消化系統問題。

主料：花蛤 250 克

輔料：鹽 1 茶匙

涮製時間建議：約 5 分鐘

小貼士

清洗花蛤時，只要用鹽或白醋清洗即可。不需要使用洗潔精或其他洗滌劑，否則化學洗滌劑會被花蛤吸收，從而危害健康。花螺、鳥貝、白貝等小貝類海鮮都可以通過這種辦法簡單處理。待湯底沸騰後下入鍋中涮熟，即可享用。

 1

 2

 3

 4

🥄 做法

1 花蛤買回後先用清水簡單沖洗一下外殼。

2 取一隻牙刷，輕輕刷洗外殼和縫隙上附着的泥沙雜質。

3 將初步清洗後的花蛤放入小盆中，加入鹽和清水，攪拌均勻。靜置半小時左右，使花蛤吐沙。

4 倒掉污水，再次用清水將花蛤沖洗乾淨即可。

扇貝

海鮮火鍋必不可少

⏱ 20 分鐘
🔥 中等

〰 特色

新鮮貝肉色澤正常且有光澤，無異味，手摸有爽滑感。扇貝中富含鐵和 B 族維他命、葉酸等營養物質，對人體很有好處。

主料：扇貝 4 個
涮製時間建議：約 5 分鐘

做法

1 將扇貝在流水下沖洗乾淨，用牙刷刷洗掉貝殼表面的雜質。
2 用一把小刀沿着貝殼的邊緣撬開，留下有肉的半邊。
3 打開貝殼後，可以看到一塊黑色的部分，那是扇貝的內臟，撕去不要。
4 再次用牙刷將扇貝的內側裙邊刷洗乾淨即可。

蟶子

就一個字「鮮」

🕐 20 分鐘

🔥 中等

小貼士

在涮食蟶子時，看到殼「啪」地一下張開，就可以趕緊撈出食用了，不然煮得太久會影響蟶子肉質的滑嫩口感。

⚗️ 特色

蟶子外殼脆而薄、長而扁平，是一種高蛋白、低脂肪的水產食材。蟶子肉甘鹹、性寒，有清熱解毒、益腎利水的功效。

主料：**蟶子 250 克**
輔料：**鹽 1 茶匙**
涮製時間建議：**約 5 分鐘**

🥄 做法

1 將蟶子倒入盆中，倒入足量清水，沒過蟶子表面。

2 水中加入鹽，攪拌均勻後靜置半小時，讓蟶子慢慢吐出泥沙。

3 把污水倒掉，用清水將蟶子再次沖洗乾淨，如果覺得泥沙較多，可以重複一下上面的步驟，再讓蟶子吐一會兒沙。

4 將蟶子一個個從盆中撈出，捏住蟶子的吸管擠一下泥沙，然後搓洗乾淨外殼即可。

港式咖喱魚蛋

正宗港味

🕐 50 分鐘

🔥 中等

◎ 特色

咖喱魚蛋是香港街頭最常見也最受歡迎的風味小吃，魚蛋口感鮮嫩，海鮮味十足，在家中也能輕鬆還原出香港街頭巷尾的好味道。

主料：鮁魚（鮫魚）1 條
輔料：蔥薑水適量，鹽適量，生粉適量，花生油 2 湯匙，麻油 1 湯匙，咖喱 1 塊
涮製時間建議：約 3 分鐘

小貼士

鱈魚、巴沙魚、龍脷魚等刺較少的魚都可以用來製作魚蛋。煮魚蛋的湯也不浪費，可以作為咖喱火鍋的湯底使用。

◎ 做法

1 鮁魚剖洗淨，去掉魚刺和魚皮，將魚肉剔出備用。

2 用刀不斷剁魚肉，少量多次加入蔥薑水，直至魚肉剁得細膩有黏度。

3 將魚肉糜放入盆中，加入生粉、花生油、麻油和鹽，順着一個方向攪拌上勁。

4 另取一個湯鍋，倒入適量涼水，用最小火慢慢加熱。

5 在加熱水的過程中，用手將魚肉糜擠成魚蛋，放入鍋中小火定型。

6 待丸子全部下入鍋中煮至定型後，轉中火煮至沸騰。

7 將咖喱掰碎，下入鍋中，攪拌均勻，使咖喱充分溶解。煮熟後關火，魚丸撈出，即可以作為火鍋涮料。

芝士包心丸

濃郁芝士，溢滿齒頰

⏱ 40 分鐘
🔥 中等

小貼士

芝士遇熱容易變軟，不好包進丸子中。如果夏天室溫較高，可以將芝士提前在冰箱中冷凍一會兒，變得堅硬更方便操作。

》 特色

芝士在蝦丸中融化，一口咬下去，就如同火山爆發一般在口腔中噴發，讓人滿口生香。

主料：鮮蝦 500 克
輔料：蛋白 1 個，蟹子適量，芝士適量，生粉少許，
　　　鹽少許，青瓜 1/4 條
涮製時間建議：約 5 分鐘

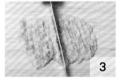

🥄 做法

1 青瓜洗淨，橫向切成薄片。

2 鮮蝦洗淨，剝去外殼，剔去蝦線，留下蝦肉備用。

3 將蝦肉剁成儘可能細膩的蝦泥。

4 蝦泥中加入鹽、蛋白、生粉和蟹子攪拌均勻。

5 蝦泥拌好後，取適量放於手心，包入一塊芝士。

6 手蘸些涼水，將丸子儘量整理成圓形，取一片青瓜片放於碟子上，再將做好的丸子放在青瓜片上即可。

涮壽司
日本料理新吃法

⏱ 30 分鐘
🔥 中等

小貼士
處理墨魚時，要將
表面的筋膜和腹內
的墨囊都清理乾
淨，只留下白色的
墨魚肉，這樣製作
出來的墨魚滑才會
潔白細膩。

≋ **特色**

日式手握壽司是日本料理中最基本的一種食物，將作
為基底的米飯換成同樣潔白的墨魚滑，便能解鎖日本
料理新吃法。

主料：墨魚 2 隻
輔料：蛋白 1 個，葱薑水少許，鹽少許，海苔少許，北極貝刺身適量
涮製時間建議：約 3 分鐘

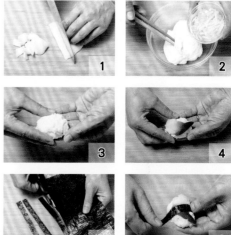

🍳 **做法**

1 墨魚處理乾淨，切成小塊。

2 將墨魚肉放入料理機中打碎，然後加
　入蛋白、葱薑水和鹽，再攪打一次直
　至打成濃稠的墨魚滑。

3 取少許墨魚滑，捏成日本壽司米飯的
　形狀。

4 在每塊墨魚滑的上方鋪上一塊北極貝
　刺身。

5 用剪刀將海苔片剪成約 1 厘米寬的長條。

6 在海苔片的一端蘸些清水，繞在墨魚
　滑和北極貝上黏牢即可。

牛百葉

脆爽有勁，怎麼吃都不膩

🕐 60分鐘

🔥 中等

◎ 特色

牛百葉是牛胃部中的第三個間隔瓣胃。正常的新鮮牛百葉是黑色的，經過長時間冷凍保存或特殊處理後會變成白色。有些商家為了賣相好，會使用化學品浸泡牛百葉使之變白。為了健康，建議儘量選擇黑色的牛百葉。

小貼士

粗鹽顆粒感明顯，在搓洗的過程中可以讓附着在牛百葉上的雜質更容易脫落下來；醋可以洗去牛百葉的異味，最後用鹼性的小蘇打來中和醋帶來的酸味，就可以徹底將牛百葉洗乾淨了。

主料：牛百葉 1 個
輔料：粗鹽 1 湯匙，醋 1 湯匙，小蘇打少許
涮製時間建議：約 10 秒鐘

◎ 做法

1 牛百葉買回後，先用清水浸泡 20 分鐘左右，去除浮在牛百葉上的雜質。

2 將牛百葉翻轉過來，用剪刀去掉附着的肥脂。

3 取適量粗鹽在手上，反復揉搓，洗去牛百葉上的大部分黏液和污物。

4 再次換上一盆清水，加入醋，攪勻後放入牛百葉，繼續搓洗 3 分鐘左右，洗去異味。

5 撈出牛百葉，瀝乾水分，在正反面抹上小蘇打，反復揉搓幾分鐘，最後沖洗乾淨。

6 將洗好的牛百葉改刀，切成適宜入口的大小，擺盤即可。

黃喉

脆嫩多汁

 25 分鐘

 中等

小貼士

有的黃喉買回來上面會帶有一層黏膜，可以用小刀朝着一個方向輕輕刮掉或慢慢撕掉。

特色

黃喉是豬或牛的主動脈心管，經過處理後涮鍋食用，口感脆爽有韌勁，柔韌中帶着一絲清脆，有一種恰到好處的平衡感。

主料：新鮮牛黃喉

輔料：大葱 1 段，薑 4 片，鹽 1 茶匙

涮製時間建議：約 10 秒鐘

做法

1 新鮮牛黃喉用清水洗淨，沿着中線剪開，改刀切成約 3 厘米見方的小片。

2 取適量清水沒過黃喉片，然後放入大葱、薑片和鹽，浸泡 15 分鐘左右，去除腥味。

3 撈出黃喉片，瀝乾水分，放入沸水中汆燙 5 秒後撈出。

4 汆燙後的黃喉片立刻放入冰水中浸泡，涮食前撈出即可。

牛蹄筋

濃郁滑入喉

⏱ 60 分鐘
🔥 中等

小貼士
牛蹄筋的軟硬程度可以通過高壓鍋壓製時間進行調整，喜歡軟爛一些的，可以適當延長烹飪時間。

〰 特色

牛蹄筋含有豐富的膠原蛋白，不僅脂肪含量低，還不含膽固醇。秋冬季節多吃些牛蹄筋，能加快細胞代謝，延緩皮膚衰老，具有很好的滋潤作用。

主料：牛蹄筋 500 克
輔料：八角 2 顆，薑 2 片
涮製時間建議：5~10 分鐘

〰 做法

1 牛蹄筋清洗乾淨，放入高壓鍋中。
2 加入適量清水，剛剛能夠沒過牛蹄筋，然後放入薑片和八角，壓製 45 分鐘左右。
3 將牛蹄筋撈出放涼，切成約手指長短的段即可。

薄切牛舌
好吃到差點咬到舌頭

⏱ 60 分鐘
🔥 中等

〰 特色

牛舌的口感和營養價值要比普通肥牛更高。薄切牛舌
怎麼做都好吃，可以燒烤，也可涮食，一口咬下去，
牛舌柔嫩緊實，大感滿足。

主料：**牛舌 1 條**
涮製時間建議：**約 15 秒鐘**

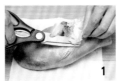
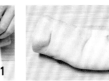

做法

1 將牛舌洗淨後瀝乾水分，用剪刀剔除
　牛舌上多餘的肥脂和筋膜。
2 處理乾淨後，將牛舌放入冰箱中冷凍
　至堅硬。
3 取出牛舌放在房間裏回溫，待表層略
　微軟化時，用刀小心割去表面的舌苔。
4 趁牛舌外表回軟，裏面還有些堅硬時，
　將牛舌切成均勻的薄片即可。

串串牛肚
彈性十足

⏱ 5 分鐘
🔥 簡單

》 特色

涮牛肚有火鍋的氛圍，涮菜的靈魂，更有冒菜串串的精髓。脆爽的牛肚彈性十足，可以搭配濃香醇厚的芝麻醬，也可以蘸上勁辣火熱的辣椒醬，是讓人吃了就停不下來的美味。

主料：**熟牛肚**
涮製時間建議：**約 15 秒鐘**

小貼士
買回的熟牛肚涮火鍋時，只要快速汆燙幾秒鐘就可以吃了，如果在鍋中煮太長時間，牛肚會變得太硬，無法嚼爛。

🔪 做法

1 熟牛肚斜刀切成 2 毫米左右厚的肚片。
2 將牛肚一片片用竹籤穿起來即可。

手工黑椒牛肉丸

粒粒皆彈牙

🕐 50 分鐘

🔥 高級

《 特色

牛肉丸的製作工序概括起來似乎並不複雜，但需要經驗的積累才能恰到好處地把握口感和味道。在牛肉糜中加入黑胡椒，使傳統牛肉丸更具一絲異域風情。

主料：牛裏脊 300 克
輔料：鹽 1 茶匙，魚露 1 湯匙，現磨黑胡椒粉適量，
　　　食用油 10 毫升
涮製時間建議：3~5 分鐘

小貼士
煮丸子時要保持水熱卻不沸騰的狀態，如果沒有溫度計，看到湯底有密集的小氣泡冒出，水溫就差不多剛好。

1

2

3

4

5

6

7

8

《 做法

1 牛肉洗淨後瀝乾水分，切成小塊。

2 將牛肉塊放入料理機中，攪打成儘量細的肉糜，完全看不到肉的顆粒，這樣做出的牛丸最佳。

3 肉糜中加入鹽、魚露和少許清水，然後用電動打蛋器再次打勻。

4 待水被肉完全吸收後，加入現磨黑胡椒粉和食用油，繼續用打蛋器打勻，直至肉糜上勁。

5 取一個湯鍋，加入足量水，將水燒至 75℃左右。

6 左手取適量肉糜擠成丸子，右手用鐵杓將丸子刮入溫水鍋中。

7 保持水的溫度在 75℃左右，用湯杓輕推丸子，使之均勻受熱。

8 丸子變色並浮起來後就煮好了，撈出放入冷水中，浸泡降溫並洗去浮沫即可。

泡椒醃牛肉片

滋味妙不可言

⏱ 15 分鐘
🔥 簡單

小貼士

如果新鮮的牛肉不好切片，可以放入冰箱中冷凍至堅硬，需要時提前取出，在室溫下解凍至能用刀切動即可。

》 特色

泡椒是四川人家不可少的調味品。長時間的發酵讓泡椒帶有一種濃郁的辛香風味，因此泡椒味的美食在各路吃貨的心中一直位列前茅。

主料：牛肉 300 克

輔料：泡椒適量，鹽少許，蠔油 1 湯匙，生抽 1 湯匙，生粉適量

涮製時間建議：約 3 分鐘

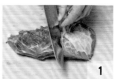

做法

1 牛肉洗淨，剔去表面的筋膜，用廚房紙吸乾水分備用。

2 逆着牛肉的紋理，切成兩三毫米厚的牛肉片。

3 將適量泡椒連同泡椒水一同放入碗中，然後放入牛肉片抓勻。

4 鹽、蠔油、生抽和生粉也放入牛肉中拌勻，一邊拌一邊用手揉搓，使調味料均勻裹在每一片肉上。

手切潮汕牛肉

潮汕火鍋的靈魂

🕐 60 分鐘

🔥 中等

小貼士

嫩肉是位於牛腿臀部位的肉，甜度較高、口感也比較嫩。切牛肉時通常要逆着肉的紋理將筋膜斬斷，但嫩肉筋膜較少，肉質偏瘦，可以順着牛肉的紋理切成儘可能薄的片。

♨ 特色

在潮汕當地，不同的師傅切肉有不同的風格，有的師傅喜歡薄切，這樣的肉吃起來輕、嫩，而有的師傅喜歡厚切，因為厚切的肉吃起來更「飽喉」，也就是更有質感的意思。

主料：新鮮嫩牛肉 1 塊

輔料：胸口油 1 塊

涮製時間建議：嫩牛肉 10 秒鐘左右，胸口油 3~5 分鐘

🍴 做法

1 將牛肉放在案板上，去除肉上多餘的肥脂部分。

2 左手按住肉塊，右手用刀順着牛肉的紋理將肉切成大小薄厚均勻的肉片。肉片可以儘量切薄一些，這樣涮煮時更易熟，不容易煮老。

3 胸口油洗淨，用乾淨的布或毛巾包好，放入冰箱中冷凍 1 小時左右。

4 取出胸口油，用刀切成儘可能薄的片即可。胸口油比較油膩，可以與牛肉搭配成拼盤，豐富口感。

手切羊肉
給你大口吃肉的滿足感

⏱ 70 分鐘
🔥 中等

♨ 特色

羊肉有益精氣、療虛勞、養心肺之功效，特別是冬季裏常吃羊肉，可以增加人體熱量，抵禦寒冷。

主料：羊裏脊肉 500 克
輔料：生菜適量
涮製時間建議：10 秒鐘左右

🥣 做法

1 羊肉簡單沖洗乾淨，用廚房紙巾吸乾水分。

2 用乾淨的布或毛巾將羊肉裹緊成長條狀，放入冰箱冷凍 1 小時左右後取出。

3 取一把鋒利的刀，儘量逆着羊肉的紋路，將羊肉切成薄厚相近的薄片。在盤中墊上一片片洗淨的生菜，然後排放羊肉片即可。

手切五花肉

肉食愛好者必備

🕐 35 分鐘

🔥 簡單

特色

涮火鍋時最能擊中內心的動作就是大口吃肉。帶皮五花肉肥的部分入口即溶，瘦的部分不乾不柴，皮又富有嚼勁，是最完美的一款火鍋涮料。

主料：帶皮五花肉 1 塊
輔料：大蔥 1 段，薑 3 片，八角 1 顆
涮製時間建議：約 1 分鐘

做法

1 將五花肉洗淨，用刀和小鑷子仔細去除表皮的豬毛。

2 湯鍋中放入適量涼水，放入整塊五花肉，加入蔥薑、八角。蓋上火鍋，中小火煮 30 分鐘左右。

3 取出煮好的五花肉，瀝乾湯汁，晾涼後切成薄厚均勻的肉片即可。

酥肉
十里飄香的乾炸小酥肉

🕐 30 分鐘

🔥 中等

特色

外焦裏嫩的小酥肉是吃火鍋必點的一款菜餚，直接拿着吃酥脆美味，涮着吃軟彈有嚼勁，怎麼吃都好吃。

主料：豬裏脊肉 100 克
輔料：鹽 1 茶匙，花椒粉 1 湯匙，紅薯澱粉 40 克，雞蛋 1 個，油適量
涮製時間建議：10 秒鐘左右

小貼士
炸好的小酥肉可以煮砂鍋或涮火鍋，如果想吃乾炸酥肉，可以將小酥肉再下入油鍋中複炸一次。

做法

1 裏脊肉洗淨後用廚房紙巾吸乾水分。
2 將裏脊肉切成 5 毫米左右厚的片，再切成約一指寬的條。
3 肉條放入盆中，加入半茶匙鹽和半湯匙花椒粉，抓勻醃製。
4 另取一個小盆，放入紅薯澱粉，磕入雞蛋，攪拌均勻至順滑沒有疙瘩。
5 當澱粉糊攪拌得濃稠順滑時，加入半茶匙鹽和半湯匙花椒粉，攪拌均勻。
6 把醃好的肉條倒入澱粉糊中，使每一條都均勻掛上一層厚厚的澱粉漿。
7 鍋中倒入適量油，燒至六成熱時，將掛好漿的肉一條條放入鍋中，炸至金黃即可。

脆爽腰花
入口緊致，回味鮮美

🕐 25 分鐘

🔥 高級

《》 特色

燙好的腰花嫩中帶脆，在油碟裏蘸上一圈，吸足了濃郁的醬汁，光是看顏色就勾得人直吞口水。

主料：**豬腰子 1 個**
輔料：**薑 3 片，料酒 1 湯匙**
涮製時間建議：**約 15 秒鐘**

小貼士

腰花下鍋後燙煮 3~5 分鐘就可以食用，由於腰花受熱後會收縮，因此在改刀時不要切得過於碎小，防止腰花下鍋後變得太小，不容易撈出。

做法

1 豬腰對半剖開，洗淨血水和表面的污垢雜質。

2 將豬腰平鋪在案板上，用刀把豬腰上的筋膜片下不要。

3 用手將豬腰按平，然後斜刀 45°，在底部不切斷的情況下，切出若干條均勻的平行刀紋。

4 然後將刀豎直，依舊保持底部不切斷的情況下，沿另一個方向切出若干條與斜刀交叉的刀紋。

5 腰花全部切好後，改刀切成適宜入口的大小。

6 將腰花放入乾淨的碗中，反復用清水沖洗、浸泡數次，直至沒有血水滲出。

7 瀝乾碗中的水分，加入薑片和料酒，將腰花醃製 10 分鐘左右，進一步祛除腥氣。

肥腸
好吃到停不下來

🕐 50分鐘

🔥 高級

〰 特色

就像所有的「臭味」食材一樣，不喜歡的人見了肥腸只想「敬而遠之」，而喜歡的人見了只覺得「臭味相投」，越吃越上癮。

主料：肥腸 1 條
輔料：鹽 1 湯匙，白醋 2 湯匙，薑 3 片，花椒適量，料酒 2 湯匙
涮製時間建議：3~5 分鐘

小貼士

肥腸翻面時，可以在翻出幾厘米後往腸子裏灌些清水，利用水的重力就可以很輕鬆地將整個腸子翻面了。

🥄 做法

1 將新鮮肥腸放入一個大盆中，從粗的一頭開始，將較粗糙的一面腸子翻到外面。

2 翻面後洗去穢物和多餘的腸油，喜歡重口味的，可以多保留一些腸油，如果全部清除乾淨，肥腸特有的香味就消失了。

3 洗淨後，再將較光滑的一面翻到外面，加入鹽和白醋，不停揉搓 3~5 分鐘。

4 用清水將肥腸沖洗乾淨，直至沒有鹹味和醋味。

5 鍋中加入足量清水，將肥腸、薑片、花椒和料酒放入冷水鍋中。

6 大火將肥腸燙煮至斷生，撈出放涼後切成所需形狀即可。

腦花
川渝火鍋的傳奇食材

⏱ 50 分鐘

🔥 中等

🌀 特色

腦花的樣子看起來有些驚悚，讓很多人聞風喪膽，而愛的人卻吃着舒坦。火鍋裏燙腦花非常入味，入口綿軟，如若無物，卻融合了火鍋的麻辣鮮香。

主料：豬腦 2 個
涮製時間建議：約 10 分鐘

小貼士

豬腦外層的筋膜比較腥，撕去洗淨後會大大減少腥味，之後在味道較重的麻辣火鍋中燙煮，就完全吃不出腥味了。如果你想在味道較為清淡的湯底中涮食豬腦，可以在清洗乾淨後，加入適量薑絲、料酒醃製一會兒，這樣可以更好地掩蓋腥味。

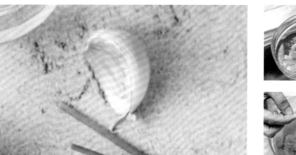

🥄 做法

1 新鮮的豬腦在流水下清洗乾淨，直至沒有血水滲出。

2 取一隻乾淨的大碗，放入豬腦，加入足量清水，浸泡半小時左右。

3 用牙籤挑起豬腦表面的筋膜，用手撕去的同時儘量保持豬腦的完整。

4 將處理好的豬腦再次用清水沖洗乾淨，瀝乾水分後，擺盤即可。

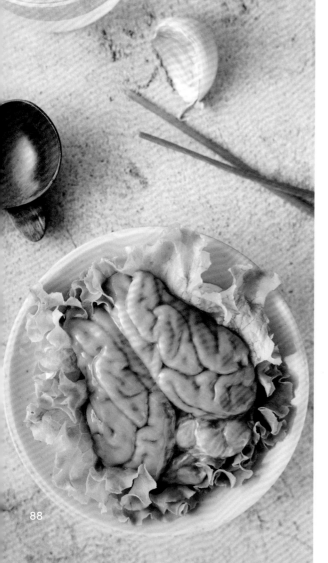

一口福袋

年年有餘，代代有福

🕙 40 分鐘

🔥 高級

小貼士

如果擔心福袋內的肉餡在火鍋中不易煮熟，也可以提前將肉餡和蝦仁炒熟，再填入福袋中，下火鍋時只要快速燙幾分鐘就可以了。

⚛ 特色

福袋是中國傳統的吉祥物件，做成美食不僅好看好吃，還能討個好彩頭。寓意福氣滿滿，招財納福。

主料：油豆腐皮 6 個，豬肉末少許
輔料：韭菜 3 棵，蝦仁 6 隻，料酒適量，生抽適量，
　　　鹽少許
涮製時間建議：約 5 分鐘

🥄 做法

1 豬肉末加入適量料酒、生抽、鹽調味，
　拌勻成肉餡。
2 韭菜洗淨，取 6 條長短均等、韌性強
　的葉片，放入沸水燙熟備用。
3 將油豆腐皮的一端切開，填入適量肉
　餡。肉餡塞得太滿容易將豆腐皮撐破，
　五成滿即可。
4 在每個福袋中放入一隻蝦仁，然後整
　理好福袋的形狀，用燙熟的韭菜葉扎
　牢福袋口。

手剁貢菜丸子
重慶火鍋的金字招牌

⏱ 45 分鐘
🔥 高級

小貼士

葱薑水的製作方法簡單，還可以去除豬肉的腥氣。取 1 段大葱和幾片薑，切碎後放入小碗中，加入半碗水，放入微波爐高火轉半分鐘，即可製成葱薑水。

≋ **特色**

貢菜可燒菜、燴湯，也可泡發後直接涮火鍋食用。貢菜脆爽，豬肉彈牙，兩者搭配做成丸子，一定會給你別樣的驚喜。

主料：豬肉 300 克
輔料：乾貢菜適量，鹽少許，葱薑水少許，生粉適量
涮製時間建議：約 5 分鐘

🥄 **做法**

1 乾貢菜用足量清水泡發，瀝乾水分備用。

2 將貢菜切成小丁，不要切得太碎，以免吃不出貢菜脆爽的口感。

3 豬肉切成大塊，放入料理機中，攪打成肉糜狀。

4 將貢菜丁與豬肉糜混合，加入鹽、葱薑水調味。

5 加入適量生粉，朝一個方向不停攪打約 10 分鐘，使肉糜上勁。

6 雙手蘸些涼水，取適量肉糜，擠成丸子形狀即可。

鮮肉小雲吞

火鍋也能涮主食

🕐 30 分鐘

🔥 中等

小貼士

1 雲吞餡料可以隨個人喜好進行調整,喜歡海鮮,可以用蝦仁、魚蓉入餡;喜歡葷素搭配,可以將蔬菜末與豬肉餡一同拌勻。

2 喜歡吃餡的你,還可以試試包些水餃作為涮火鍋的主食,鮮美的湯伴着薄皮大餡的水餃,別有一番滋味。

〰 特色

雲吞的餡料種類很多,除了最傳統的鮮肉小雲吞,還有薺菜肉、冬菇肉、蝦仁等餡料可隨心選擇。

主料:豬肉末 200 克,雲吞皮適量
輔料:大葱 1/2 段,薑少許,鹽適量,生抽 1 適量
涮製時間建議:5~10 分鐘

🥄 做法

1 大葱切段、薑切細絲,放入碗中,加入適量涼白開水,揉搓出葱薑水。

2 肉末放入大碗中,加鹽和生抽攪拌均勻。

3 少量多次在肉餡中加入葱薑水,慢慢順着一個方向攪拌,直至水分被肉餡吸收,再繼續攪拌至肉餡變得黏稠上勁。

4 取一張雲吞皮放在掌心,中間盛入適量肉餡。

5 在雲吞皮的四周抹上些清水,然後沿對角線對折起來。

6 最後將雲吞的左右兩角向上翻折,重叠在一起即可。

蛋餃

飯桌上的金元寶

🕙 20 分鐘

🔥 中等

🍲 特色

蛋餃是過年期間很多人家年夜飯桌上的一道必備佳餚，如今條件好了，平常也可以輕鬆嘗到這道美味。

主料：豬肉餡適量，鴨蛋 2 個
輔料：豬肥油 1 小塊，食用油 5 滴
涮製時間建議：3~5 分鐘

小貼士
做好的蛋餃可以放入蒸鍋，大火蒸 10 分鐘左右，然後晾涼，密封冷凍保存，隨吃隨取。

🥄 做法

1 鴨蛋磕入碗中，打散成蛋液，滴入幾滴食用油，再次打勻。

2 一手將湯杓放在火上加熱，另一手用筷子夾起豬肥油，在杓內抹擦一遍。

3 舀 1 湯匙蛋液倒入湯杓中，慢慢轉動手腕，讓蛋液在杓內均勻流淌，使其形成完整的蛋皮。

4 保持中小火，將蛋皮加熱至基本凝固，在蛋皮中央放入適量肉餡。

5 用筷子揭起一側的蛋皮，輕輕對折，蓋在另一邊。

6 輕輕用筷子按壓，使蛋皮更好地黏在一起，然後晃動一下杓子，蛋餃就可以很輕鬆地取出了。

鴨舌

富有嚼勁的風味小食

🕐 15 分鐘

🔥 中等

小貼士

如果想吃鴨舌又害怕太腥，可以在焯水時加入適量薑片、蔥段或料酒，可去腥提味。麻辣口味的湯底和鴨舌更配哦。

特色

吃火鍋要的就是菜品豐富，平常覺得處理起來麻煩的食材，為了吃火鍋也會不嫌辛苦。鴨舌吸足了火鍋的湯汁，一口一隻，最過癮。

主料：鴨舌 10 隻
輔料：鹽適量
涮製時間建議：約 5 分鐘

做法

1 用流動的清水將鴨舌外表的雜質和血水沖洗乾淨。

2 取適量鹽放入小碟中，每次用手指蘸取少許鹽，仔細將附着在鴨舌上的黏液和髒東西搓洗乾淨。

3 鍋內加入適量水煮沸，放入鴨舌焯 3 分鐘左右。

4 將焯好的鴨舌撈出，瀝乾水分，用冷水沖洗並降溫即可。

鴨腸
一入鍋中深似海

🕐 20 分鐘

🔥 簡單

◎ 特色

鴨腸可滷、可炒、可燉，燙火鍋更是口感香脆，吸足了湯汁，讓人唇齒留香。在資深老饕的心中，燙鴨腸和燙毛肚一樣，大概「七上八下」，燙幾秒鐘的口感最好。

主料：鴨腸適量
輔料：鹽 1 茶匙
涮製時間建議：15 秒鐘左右

🍽 做法

1 鴨腸從一端開始用剪刀沿着中線剖開。

2 用清水多次沖洗鴨腸的內外，除去髒污。

3 將鴨腸瀝乾水分後放入大碗中，加入鹽，反復揉搓按摩幾分鐘。

4 再次用清水將鴨腸沖洗乾淨，去除多餘的鹽分即可。

烏雞卷
火鍋界的涮料新秀

🕐 60 分鐘

🔥 中等

特色

烏雞是中國特有的品種，其氨基酸、維他命和胡蘿蔔素等營養物質的含量比普通雞肉高，是養身體的上好食材。

主料：烏雞腿 4 隻
輔料：料酒少許
涮製時間建議：30 秒鐘左右

做法

1 將烏雞腿洗淨，用廚房紙巾吸去多餘的水分。
2 用刀將雞腿肉儘量完整地剔下來，皮和骨棄之不用。
3 取少許料酒，將雞腿肉醃製 10 分鐘左右。
4 將雞腿肉壓實，儘量捲成粗一些的肉卷。
5 用保鮮膜將雞肉卷包好，放入冰箱中冷凍。
6 涮火鍋前從冰箱中取出雞肉卷，稍微解凍後用刀切成薄薄的片即可。

粟米雞肉小香腸

品嘗食材的本味

🕐 50 分鐘

🔥 中等

⊚ 特色

市面上銷售的各種香腸總是或多或少含有一些食品添加劑，自己做的小香腸食材安全簡單，更適合給孩子食用。

主料：雞胸肉 150 克

輔料：粟粉適量，甜粟米粒 30 克，粟米油 1 湯匙，蛋白 1 個，香葱 1 根，植物油少許

涮製時間建議：10 秒鐘左右

小貼士

做雞肉丸、雞肉腸和雞肉滑最好選擇雞胸肉。雞腿肉的筋較多，處理不乾淨很容易影響口感。

⊚ 做法

1 雞胸肉洗淨，剔出肉筋，切成小塊。

2 香葱洗淨，切成碎末，與雞肉塊拌勻，醃製 10 分鐘左右。

3 將醃好的雞胸肉和葱花一起倒入料理機中，攪打成細膩的雞肉糜。

4 取出雞肉糜，放入大碗中，加入粟米油，攪拌均勻。

5 在肉糜中加入 1 個蛋白，再次攪拌至蛋白和肉糜完全融合。

6 最後在肉糜中加入生粉，攪拌至雞肉泥中沒有生粉顆粒，再加入粟米粒混合均勻。

7 在香腸模具上薄薄刷上一層油，然後將肉泥擠到模具中抹平。

8 將模具放入蒸鍋，冷水上鍋，蒸 20 分鐘左右即可。做好的雞肉腸放涼後脫模，放入自己喜歡的湯底中略微涮幾秒鐘就可以享用了。

豆製品拼盤
素食也有好味道

⏱ 10 分鐘
🔥 簡單

小貼士
買回家的老豆腐一次吃不完，可以切成適宜入口的大小，放入冰箱中冷凍保存，想要涮鍋前取出化凍即可。

🍲 特色

對於素食愛好者來說，豆製品是涮火鍋的靈魂所在。充滿氣孔的豆製品在湯汁中咕嘟咕嘟地滾來滾去，一口咬下去，鮮美的湯汁就溢出來，充盈着整個口腔。

主料：老豆腐 1 塊，凍豆腐適量
輔料：油豆皮 1 張，乾豆皮 1 張
涮製時間建議：約 1 分鐘

1

2

3

4

5

6

做法

1 凍豆腐提前從冰箱中取出化凍，切成適宜大小。

2 老豆腐用清水簡單沖洗一下，然後用廚房紙巾吸乾水分。

3 將老豆腐切成厚度約 1 厘米的片備用。

4 油豆皮用清水浸泡一會兒，顏色變淺且有些發脹後撈出，瀝乾水分。

5 將油豆皮和乾豆皮分別切成約兩指寬的長條。

6 取一隻大盤，將備好的豆製品分別擺放整齊即可。

菌菇拼盤

鮮嫩滑潤，風味獨特

🕐 15 分鐘

🔥 簡單

小貼士

製作火鍋的菌菇拼盤可以用新鮮的菇類也可以用乾菌類。像茶樹菇、木耳、乾冬菇等乾菌需要和竹笙一樣提前用清水泡發、洗淨，然後再擺盤。

特色

菌菇拼盤是一款能夠和任何湯底百搭的經典涮料。此外，菌菇不僅可以作為涮料，還可以提前放入湯底中增加鮮度。

主料：蟹味菇 50 克，金針菇 50 克，秀珍菇 50 克
輔料：鮮冬菇 2 朵，竹笙適量
涮製時間建議：3~5 分鐘

做法

1 取適量竹笙，用清水浸泡直至竹笙吸水膨脹。

2 冬菇洗淨，切掉老根後用小刀在頂部劃出十字花。

3 金針菇洗淨，切去底部的老根，分成適宜入口的小把。

4 蟹味菇洗淨，也掰成適宜入口的小朵。

5 秀珍菇洗淨，用小刀一片片切下。

6 所有菌類準備好後，放入盤中，擺放整齊即可。

豐收拼盤
健康飽腹的火鍋食材

⏱ 15 分鐘

🔥 簡單

小貼士

鐵棍山藥削皮後
容易被空氣氧化
從而變黑，浸泡
在清水中可以隔
絕一部分空氣，
吃之前再從水中
撈出即可。

特色

想要吃軟口的菜品可以多煮一會兒，口感軟爛，入口
即化；想吃脆嫩一點的可以少煮一會兒。不管怎樣，
都被濃濃的湯汁浸泡，風味十足，怎麼吃都不夠。

主料：紅薯 1/2 個，藕 1/2 節
輔料：南瓜 1 小塊，鐵棍山藥 1 小段
涮製時間建議：約 3 分鐘

做法

1 紅薯洗淨、去皮，切成約 0.5 厘米厚的片。

2 蓮藕洗淨、去皮，切成比紅薯略薄一些的片。

3 南瓜去皮、去子，切成厚片。

4 鐵棍山藥洗淨、去皮，切成厚片。

5 把切好的鐵棍山藥泡在清水中，洗去多餘的黏液。

6 將處理好的全部食材，分類擺放在盤中即可。

時蔬拼盤
青翠欲滴的維他命寶庫

🕙 10 分鐘

🔥 簡單

小貼士

涮火鍋的蔬菜可以根據時令季節做出調整，大白菜、小棠菜、豆苗、生菜都可以，隨意搭配組合成為時蔬拼盤。

🍲 特色

肉類和海鮮涮火鍋難免會增加胃腸負擔，這時候就需要各種綠色蔬菜大顯身手了，各種時蔬富含葉綠素和膳食纖維，有助於均衡營養。

主料：茼蒿 1 小把，娃娃菜 1 棵，油麥菜 1 棵，菠菜 1 棵

涮製時間建議：15 秒鐘左右

🍳 做法

1 將油麥菜和娃娃菜一片片剝下葉子，中間的菜心和老根棄去不用。

2 菠菜和茼蒿洗淨，切去底部的老根。

3 將時蔬瀝乾水分，分類放入一個大的容器中即可。

菜花拼盤
涮出健康來

🕐 20 分鐘
🔥 簡單

》 特色

椰菜花和西蘭花同屬十字花科，這類食材不僅營養豐富，還有很強的飽腹感。菜花含水量高，但熱量卻很低，即使涮火鍋時多吃一點也不容易發胖。

主料：椰菜花 1/2 棵，西蘭花 1/2 棵
輔料：鹽 1 茶匙
涮製時間建議：約 1 分鐘

做法

1 椰菜花和西蘭花剝去外層的葉片，用刀切成適宜入口的大小。

2 取一隻大盆，加入足量水，放入 1 茶匙鹽，攪拌均勻。

3 將椰菜花和西蘭花放入淡鹽水中，浸泡 15 分鐘。

4 最後在流動的清水下，將椰菜花和西蘭花沖洗乾淨，擺盤即可。

功夫青瓜
生吃、涮食皆好味

⏱ 20 分鐘
🔥 中等

小貼士

削好的青瓜片水分容易蒸發，變得萎軟，最好即吃即做。或者將功夫青瓜放入冰箱中冷藏保存，可以更長時間維持青瓜爽脆的口感。

≫ 特色

功夫青瓜可以說是重口味火鍋中的一枚小清新。晶瑩剔透的脆嫩青瓜片在沸騰的湯汁中略微一滾即可入口，喜歡火鍋的你千萬不要錯過和它的第一次親密接觸。

主料：青瓜 1 條
涮製時間建議：15 秒鐘左右

🥄 做法

1 選 1 根粗細均勻、外形豎直的青瓜，洗淨備用。
2 將青瓜放在操作臺上，一手固定住青瓜，另一手用刮刀將青瓜削成薄片。
3 最開始削下來的外皮棄之不用，取中間薄厚均勻的部分。
4 將青瓜片從一端開始慢慢捲起，然後豎直放在盤中即可。

茼蒿素丸子

換個方式來吃素

⏱ 35 分鐘
🔥 中等

涮料

小貼士
茼蒿碎中撒入鹽後會析出大量水分，因此撒入麵粉後不需要額外加水也能輕鬆拌勻並定型。

》 特色

涮火鍋時丸子類的食材必不可少，當肉丸、蝦丸、魚丸都吃膩了怎麼辦？這款茼蒿素丸子比肉還好吃，甚至有時還沒來得及下鍋，就被大家吃光了。

主料：茼蒿 200 克
輔料：麵粉適量，食用油適量，鹽適量，五香粉少許
涮製時間建議：30 秒鐘左右

🥄 做法

1 茼蒿洗淨，切成碎末。
2 取適量鹽和少許五香粉撒在茼蒿碎中拌勻，靜置 10 分鐘左右。
3 取適量麵粉，少量多次與茼蒿拌勻，慢慢調和，使麵糊可以團成較為濕潤的丸子形狀。
4 鍋中加入足量油，油溫約七成熱時下入茼蒿丸子，炸至金黃即可。

四喜果蔬麵

高顏值，高營養

🕐 45 分鐘

🔥 中等

⟨⟨ 特色

將各色蔬果汁混入麵中，不僅花花綠綠顏色好看，營養也非常豐富全面。濃醇的骨湯和魚湯中涮些果蔬麵，孩子們也能吃得開心又健康。

主料：**麵粉適量**
輔料：菠菜適量，番茄 1 個，紅蘿蔔 1 條，紅心火龍果 1 個
涮製時間建議：3~5 分鐘

小貼士
同樣的方法也可以製作果蔬麵片。做好的麵條一次吃不完可以放入密封袋中，入冰箱冷凍，可保存兩三週。

⟨⟨ 做法

1 將菠菜、番茄洗淨，分別用料理機打成菠菜汁和番茄汁。
2 紅心火龍果去皮，取果肉，打成火龍果汁。
3 紅蘿蔔洗淨，切成小丁，上鍋蒸熟，然後打成紅蘿蔔泥。
4 將菠菜汁、番茄汁、火龍果汁和紅蘿蔔泥分別放入四個容器中，少量多次加入麵粉揉勻，直至揉成光滑的麵糰。
5 在麵糰上方蓋上保鮮膜，室溫下醒麵 15 分鐘左右。
6 取出醒好的麵糰，再次揉勻，擀成麵餅後切成粗細均勻的麵條即可。

手擀麵
一碗飽腹熱湯麵

🕐 45 分鐘

🔥 簡單

⟨⟨ 特色

北派的火鍋愛好者點餐時一定少不了一份「麵」，在享用過鮮嫩的肉片、爽口的蔬菜後，不來上一碗熱湯麵的涮鍋是不夠完整的。

主料：**麵粉 250 克**
輔料：**鹽 1 茶匙**
涮製時間建議：3~5 分鐘

小貼士

麵條的寬窄可以依據個人的喜好隨意調整，但需要注意的是，寬麵要儘量將麵餅擀得薄一些，細麵可以比寬麵擀得厚一點。

 1
 2
 3
 4
 5
 6
 7

⟨⟨ 做法

1 將鹽用 120 毫升清水融化，調成淡鹽水。
2 緩緩將淡鹽水少量多次地倒入麵粉中，同時不停用筷子將麵粉攪拌成絮狀。
3 用手將麵絮揉成光滑的麵糰，蓋上一塊濕布，靜置 15 分鐘左右。
4 將麵糰取出，在案板上再次揉勻。
5 取少許乾麵粉撒在案板上，將麵糰擀成一個儘可能大而薄的麵餅。
6 在麵餅上再撒些乾麵粉，然後從兩邊向中間捲起來。
7 用刀將麵餅切成寬窄均勻的麵條，抖開，即可下鍋涮煮。

手工螺絲粉
享受手工 DIY 的樂趣

🕙 45 分鐘

🔥 簡單

🍲 特色

螺絲粉比普通麵條更有筋道、有嚼勁，久煮也不容易煮爛。開飯前全家人圍在餐桌搓一塊麵糰，這樣用心做出來的螺絲粉，更有家的味道。

主料：**麵粉適量**
涮製時間建議：3~5 分鐘

小貼士
螺絲粉不僅可以下火鍋，湯、炒、撈、燜、燴可以任君選擇。用不同顏色的蔬菜汁代替清水來和麵，還可以做成彩色螺絲粉，小朋友們更愛吃。

🍳 做法

1 將麵粉放入大盆中，少量多次加入清水，和成稍硬的麵糰。
2 蓋上保鮮膜，將麵糰醒 30 分鐘左右。
3 取出麵糰再次揉勻，擀成約 1 厘米厚的麵餅。
4 將麵餅切成約 1 厘米寬、3 厘米長的小段。
5 拿一個小麵片放在壽司簾上，用手自下而上滾一下，一個螺絲粉就做好了。
6 做好的螺絲粉可以稍微晾乾，或撒上些乾麵粉防止黏連。

拉條子

新疆人秘不外傳的味道

🕐 100 分鐘

🔥 高級

特色

拉條子是新疆拌麵的俗稱，製作時不用傳統的擀麵、壓麵的方法，直接用手拉製而成。拉條子筋道、爽滑、有嚼頭，讓食客們痴迷留戀，放入火鍋中就着濃厚的湯頭和繽紛的涮料，更讓人大快朵頤。

主料：麵粉 200 克
輔料：鹽少許，食用油適量
涮製時間建議：3~5 分鐘

小貼士

和麵時加入鹽可以讓麵更有筋道，但放鹽的量很重要。鹽加多了，抻麵時容易斷，鹽少了又不夠筋道，麵粉和鹽的比例大約為 100：1 最合適。

做法

1 麵粉加入鹽和適量清水，和成稍軟一點兒的麵糰。

2 蓋上保鮮膜，將麵糰醒 20 分鐘左右。

3 取出麵糰再次揉勻，蓋上保鮮膜，醒 15 分鐘。

4 再次將麵糰揉勻成光滑的麵糰，用手壓扁，切成拇指粗細的粗條。

5 在麵板上淋些食用油，然後將麵搓成和筷子粗細差不多的均勻的長條。

6 取一個大盤子，盤底多抹些油，然後將麵條從中間的一個點開始均勻地盤起來。

7 每一層麵條之間都要用刷子刷上足量的油，防止麵條黏連。

8 盤好後蓋上保鮮膜，將麵放置 30 分鐘以上。煮麵時從一端拉出麵條，用力均勻地將麵條拉到喜歡的粗細即可。

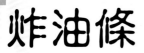

炸油條
家庭自製，健康放心

🕐 60 分鐘

🔥 高級

⊚ 特色

自家炸油條自然無添加，外酥內軟，香氣襲人。涮火鍋時，只需在湯底中略微一過，吸足了湯汁的油條瞬間變得軟爛入味。

主料：麵粉 250 克，雞蛋 1/2 個，清水 135 毫升
輔料：泡打粉 2 克，小蘇打 2 克，鹽 4 克，植物油適量
涮製時間建議：15 秒鐘左右

小貼士

炸油條的油溫控制在 200℃左右比較合適。可以放入一個小麵球測試油溫，如果麵球馬上浮起來了，說明此時的油溫剛好合適。

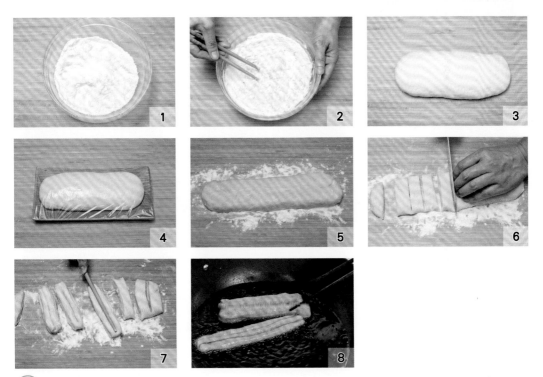

⊚ 做法

1 將麵粉、泡打粉、小蘇打和鹽放入一個大盆中，混合均勻。

2 加入 7 毫升植物油、蛋液後少量多次加入清水拌勻，揉成光滑的麵糰。蓋上保鮮膜，醒發 15 分鐘左右。

3 取出麵糰再次揉勻，在麵板上按扁後捲成條狀。

4 用保鮮膜將條狀的麵糰包好，兩端封好，放入冰箱醒發一夜。

5 在麵板上撒少許乾麵粉，取出醒好的條狀麵糰，再次整形成約 4 厘米寬、1.5 厘米厚的長條。

6 用刀每隔 2 厘米左右在麵糰上切下一段，然後將 2 個小麵塊疊放在一起。

7 用竹籤或細一點的筷子在疊好的小麵塊上壓一下，製成油條坯。

8 鍋中倒入足量油，拿起一個油條坯，兩手向着不同的方向拉抻，放入鍋中炸至金黃即可。

炸腐竹

金黃酥脆，香味四溢

🕐 20 分鐘

🔥 中等

小貼士
測試油溫六成熱的方法是，可以將筷子放入鍋中，當筷子周邊開始冒小氣泡時油溫最佳。

》 特色

經過油的高溫，腐竹有了更濃郁的豆香味，同時還有着其他豆製品所不具備的獨特口感。炸腐竹色澤金黃，表面上細密的氣孔可以吸附湯汁，可以說炸腐竹和火鍋是最佳拍檔。

主料：腐竹 5 根
輔料：食用油 1 小碗
涮製時間建議：30 秒鐘~1 分鐘

🥄 做法

1 腐竹用清水浸泡 10 分鐘左右後沖洗乾淨，剪成 10 厘米左右的段，瀝乾水分備用。

2 鍋中加入一小碗油，小火將油燒至六成熱。

3 放入適量腐竹，小火炸 3 分鐘左右，然後翻面再炸 3 分鐘。

4 將腐竹兩面炸至金黃酥脆，有細小的油泡鼓起，即可盛出晾涼。

其他基礎涮料食材處理

白菜 —— 重口味也喜歡的小清新

白菜洗淨後將葉片一片片剝下，離根部約兩指寬的位置切一刀，將老菜幫棄去不用。洗淨雙手，從切口處將白菜撕成約一指寬的粗條即可。

萵笋 —— 一口咬下，脆爽回甘

將新鮮萵笋削去外層青皮，然後再剔去白色筋膜。可以切成薄厚均勻的片，也可以切成和手指粗細差不多的長條，隨君喜好。

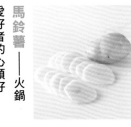

馬鈴薯 —— 火鍋愛好者的心頭好

馬鈴薯處理乾淨後，切成約 0.5 厘米厚的片，下鍋多煮一會兒就會變得綿軟。也可以將馬鈴薯切成約 0.1 厘米的薄片，稍微燙一下就撈出，這樣的馬鈴薯片口感更加脆爽。

蘿蔔 —— 腸胃清道夫

涮火鍋一般選用粗細均勻的白蘿蔔，切去頭尾後取白蘿蔔的中段，削去外皮，切成薄厚均勻的圓片即可。

紅薯 —— 香甜綿軟的火鍋食材

黃色的紅薯含糖量較高，因此煮熟後味甜可口；白色的紅薯含澱粉較多，煮後更綿軟些。可以根據個人喜好選擇。洗淨表皮的泥土後，削去外皮，切成厚片就可以涮食了。

山藥（鮮淮山） —— 入口即融，慰藉你的胃

涮火鍋的山藥最好選用鐵棍山藥，鐵棍山藥因表皮上有鐵銹一樣的痕迹而得名，具有滋補養顏的功效。用小刀削去外皮，洗淨後切成厚片，即可涮食。

冬瓜 —— 紅湯白湯，皆可涮食

將冬瓜外層的綠衣切去，切成 0.5 厘米厚的片，下鍋煮熟。綿軟的口感一定會讓你吃到停不下來。冬瓜還具有消炎祛濕、美容養顏的功效，如果擔心火鍋太燥熱，不妨煮些冬瓜吧。

火鍋粉 —— 晶瑩剔透，嗦粉到停不下來

煮火鍋最好選擇略寬一些的紅苕粉，因為較細的綠豆粉和馬鈴薯粉往往經受不住火鍋的高溫煮製，更沒有紅苕粉筋道且富有韌勁的口感。

午餐肉 —— 肉質細膩，香味濃郁

作為火鍋基礎涮料，午餐肉的處理方法非常簡單。儘可能保證午餐肉完整地從包裝中取出，然後用刀切成 0.5 厘米左右厚的方片即可。

脆皮腸 —— 彈牙香醇，滿足嘴饞的你

取適量脆皮腸，在 1/2 處縱向劃一刀，反轉 90°再劃一刀，均不要切斷。這樣處理過的脆皮腸受熱後不易爆裂。

鴨血 —— 嫩嫩滑入喉

新鮮的鴨血買回後，先用淡鹽水浸泡 10 分鐘備用。撈出後用清水沖洗乾淨，切成適宜入口的大小即可。鴨血很嫩，容易碎，切的時候要特別注意。

魔芋 —— 不長胖的美味

市售的魔芋分為魔芋絲、魔芋結和魔芋塊等，其中魔芋絲和魔芋結可以直接清洗乾淨後作為涮料，如果是魔芋塊，則需要改刀切成適宜入口的厚片再涮食。

生菜 —— 打破油膩感，拒絕高熱量

將生菜一片片擇下，用流動的清水洗淨附着在葉片上的泥土，然後用淡鹽水浸泡 10 分鐘左右。最後再用清水沖洗乾淨，瀝乾水分，裝盤即可。

木耳 —— 菌中之冠

取適量乾木耳放在足量清水中浸泡至膨脹，用剪刀仔細剪去木耳底部的老根。在流動的清水下沖洗幾次，儘量洗去雜質，瀝乾水分即可。

豆苗 —— 質地柔軟，富含維他命

將豆苗放在清水中沖洗乾淨，洗去附着的豆殼及雜質。用廚房紙巾吸乾多餘水分，整齊碼放在盤中。

豌豆尖 —— 清熱解暑

豌豆尖是荷蘭豆的幼嫩葉片，挑選豌豆尖時可以用指甲輕輕掐一下其莖，若能輕鬆掐斷，說明豌豆尖很新鮮，用清水沖洗乾淨就可以燙食。

西洋菜 —— 口感脆嫩

西洋菜是廣東地區常見的一種綠葉蔬菜，吃之前將葉片在清水下沖洗乾淨，然後用淡鹽水浸泡 10 分鐘左右，最後再用清水沖洗一下，瀝乾水分即可。

海帶 —— 礦物質寶庫

海帶含有豐富的膠質，這些膠質不溶於水，卻有很強的吸水性。超市買回泡好的海帶可以洗淨後直接涮食，若是乾海帶則需要洗淨後放入蒸鍋蒸 15~20 分鐘，再放入冷水中泡發。

千頁豆腐 —— 富有嚼勁的豆腐

不同於普通豆腐的吹彈可破，千頁豆腐更富有韌勁。取一塊千頁豆腐用清水沖洗乾淨，然後用廚房紙巾吸乾水分，將千頁豆腐改刀切成適宜入口的厚片即可。

油麵筋 —— 富含植物蛋白質

油麵筋的處理方法很簡單，只需取適量裝盤，等待涮食。如果喜歡創新，可以在每個油麵筋上剪開一個小口，釀入蝦滑或雞肉滑，再入鍋涮食。

去頭馬面魚 ——
來自海洋的饋贈

取一條馬面魚，用剪刀開膛取出內臟，然後切去頭部，棄掉不用。馬面魚有一層堅韌的外皮，順着頭部剝去外皮，沖洗乾淨就可以了。

鴨掌 ——
入口即化
的膠原蛋白

鴨掌洗淨後與兩三片生薑一同冷水下鍋，水沸後將鴨掌煮兩三分鐘，撈出過涼水備用。將焯過水的鴨掌再次放入鍋中，加入料酒和葱薑，燉煮 20 分鐘左右，取出在冷水中沖洗乾淨。

雞爪 ——
人人都愛
的吮指小菜

將冷凍雞爪自然解凍，清洗乾淨後小心剪去趾甲。將雞爪冷水下鍋，加入薑片和料酒，大火煮 3~5 分鐘，撈出過涼水備用。焯過水的雞爪可以直接涮食，也可以用小刀脫骨後再涮食。

即食麵 ——
吸足
湯汁，滿滿的精華

將即食麵撕去包裝，放入無水的盤中備用。涮食前先將湯底中的菜渣、香料等儘量撈乾淨，待湯底沸騰時將即食麵放入鍋中，煮熟即可。

牛蛙 ——
營養好吃
不長胖

市場上售賣的一般為活牛蛙，挑選好後需要去除牛蛙的頭和內臟器官、剝去外皮，然後用清水洗乾淨。可以將牛蛙縱向對半剖開，也可整隻放入鍋中。

牛骨髓 ——
高蛋白，
低脂肪，鈣質豐富

牛骨髓是牛大棒骨中的骨髓，可以鑿開骨頭取出。牛骨髓買回後不需要特殊處理，清水沖洗乾淨即可。涮火鍋時，湯底沸騰後放入牛骨髓，燙 5 分鐘左右就可以享用了。

蘸 料

麻醬碟

濃厚醇香的經典滋味

🕙 10 分鐘

🔥 簡單

〰 特色

除了芝麻的濃香外，麻醬碟的口感也非常細膩，鋪滿舌尖。與一些味道很清淡、清香的涮鍋搭配，可以在味道上互補。

主料：芝麻醬 2 湯匙
輔料：生抽 1 湯匙，白糖少許，鹽少許，
涼白開水 5 湯匙

小貼士

生抽和鹽用來調節鹹度，可根據口味酌情增減，同時也可以調整涼白開水的用量，將芝麻醬調製到自己認為合適的稀稠程度。

🥄 做法

1. 將芝麻醬盛入碗中，分次加入涼白開水，順一個方向不停攪拌，使芝麻醬均勻化開。
2. 調入生抽、白糖、鹽，再次攪拌至無顆粒感即可。

蘸料的其他變化

麻醬碟通常作為蘸料的基底，並可以根據不同的風味湯底加入其他調味料進行改變和再創造。例如搭配潮汕牛肉火鍋時，就可以調入沙茶醬和普寧豆瓣醬；搭配老北京涮鍋時，再調入些許韭菜花、紅腐乳和芫茜，就更鹹香誘人了。

蒜蓉麻油碟
油潤香濃好味道

⏱ 10 分鐘

🔥 簡單

〰 特色

川渝火鍋離不開蒜蓉麻油碟，細滑的麻油可以起到很好的降溫、潤燥作用，還可以在一定程度上中和川渝火鍋的重口味。

主料：大蒜 1 個
輔料：鹽 1 茶匙，麻油適量

小貼士
用刀切出的蒜蓉顆粒感更足。也可以將蒜瓣放入石臼中搗成蒜蓉，這樣做出的蒜蓉更柔軟，氣味也更濃郁。

🥄 做法

1 將大蒜剝去外皮，用刀將蒜瓣壓扁。
2 將拍扁的蒜瓣切成細細的蒜蓉。
3 蒜蓉放入碗中，加入鹽調味拌勻。
4 吃火鍋前，取適量蒜蓉盛到碟中，倒入麻油沒過蒜蓉即可。

蘸料的其他變化
傳統的重慶火鍋蘸料碟中只有蒜蓉和麻油這兩味材料，就足以襯托出涮料的鮮美辛辣。根據個人喜好再放些芝麻、花生碎或香葱碎，也能碰撞出不一樣的新口味。

沙茶醬碟

不得不嘗試的神奇滋味

🕐 5 分鐘

🔥 簡單

特色

沙茶醬碟和潮汕火鍋就像一對精神高度契合的伴侶，清淡的潮汕火鍋湯底最能體現食材的本味，與沙茶醬碟那一抹似有若無的甜香更能碰撞出神奇滋味。

主料：沙茶醬 1 小碗
輔料：普寧豆瓣醬少許，炸蒜末少許

小貼士

普寧豆瓣醬是潮汕地區特產的一種調味品，淡淡的鹹味和豆香可以在一定程度上中和沙茶醬的甜膩感。

做法

1 放置了一段時間的沙茶醬會出現油脂析出的狀況，將沙茶醬充分攪拌均勻，使醬料與油分很好地融合在一起。
2 取適量沙茶醬放入碟中，加入少許普寧豆瓣醬和炸蒜末，拌勻即可。

蘸料的其他變化

沙茶醬碟口感厚重、味道香濃，特別適合較為清淡的湯底。香甜的醬料包裹着新鮮的食材，更能突出食材的本味。另外，沙茶醬碟和香芹碎也很搭，想要口感上更清爽一些，不妨加入一點香芹碎試試看吧。

海鮮醬油碟

簡簡單單就是經典

🕐 3 分鐘

🔥 簡單

⟪ 特色

如果說其他蘸料都有最佳搭配的湯底，那海鮮醬油碟可以稱得上是百搭之王，無論湯底厚重抑或清淡，這款蘸料總是相宜。

主料：海鮮醬油 3 湯匙
輔料：白芝麻 1/2 湯匙，芫茜末少許，
　　　紅辣椒圈少許

小貼士

海鮮醬油通常味道較為清甜，不會過鹹。如果家中沒有海鮮醬油，可以用生抽加入幾滴蒸魚豉油來代替。

⟪ 做法

1 將海鮮醬油作為蘸料的基底放入碟中。
2 放入白芝麻、芫茜末、紅辣椒圈拌勻即可。

蘸料的其他變化

以這款蘸料碟作為基礎，可以變化出很多衍生的味碟。比如喜歡酸爽味道，可以調入 1 湯匙香醋；喜歡重口味，就加入一杓蒜末和葱花。

127

海椒乾碟
川渝人的味蕾探索

🕐 5 分鐘

🔥 簡單

≫ 特色

在眾多蘸料中，乾碟可謂一枝獨秀。大部分湯底本來就已經富含油分了，撈出後在乾碟裏滾上兩下，不再增加多餘的油分，這才巴適（四川方言，意謂合適）。

主料：乾辣椒 25 克，熟花生米 20 克
輔料：熟白芝麻 15 克，花椒 10 克，八角 5 克，鹽適量

🥄 做法

1. 乾辣椒、熟花生米、熟白芝麻、花椒和八角混合均勻，放入料理機中。
2. 在料理機中加入適量鹽，混合均勻打碎成粉末狀。
3. 取出適量粉末放入碟中即可。

蘸料的其他變化

乾辣椒、熟花生米、熟白芝麻、花椒和八角按照 5:4:3:2:1 的分量配比即可，如果對麻或辣的接受程度較低，可以酌情減少乾辣椒和花椒的使用量。也可以在打好的粉末中摻入適量熟白芝麻來調整口味。

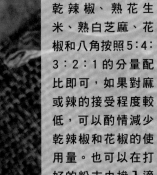

鹹香腐乳碟
正宗北京味

🕙 5 分鐘

🔥 簡單

〰️ 特色

在北京，鹹香腐乳碟可以用來蘸一切。和普通的芝麻醬碟不同，芝麻醬和腐乳可以增添鹹度和獨特的風味，堪稱一絕。

主料：**芝麻醬適量，腐乳 1 小塊**
輔料：**韭菜花醬少許**

蘸料的其他變化
這款腐乳味碟口味鹹香，也可以根據個人喜好加入些蒜蓉、葱花、芫茜等食材，豐富蘸料的口感。

小貼士
腐乳和韭菜花醬口味都偏鹹，需要用芝麻醬、花生醬等醬料作為基礎適當調和味道，防止醬料過鹹，不好入口。

🥣 做法

1 取適量芝麻醬放入小碗中，加入 1 小塊腐乳和少許韭菜花醬。
2 取一個乾淨的杓子，將醬料攪拌均勻，直至腐乳塊完全變成泥狀即可。

金牌蠔油味碟
百搭基礎款蘸料

🕐 10 分鐘

🔥 簡單

〰 特色

蠔油在中國人的調味料史上可以說是一個能與醬油比肩的偉大發明，也是中餐廚師最親密的夥伴之一。這裏只取幾款簡單的調味料和蠔油搭配，並不會搶了蠔油的鮮味，還能增香。

主料：麻油 2 湯匙，蠔油 1 湯匙
輔料：生抽 1 湯匙，芝麻少許，蒜蓉少許

蘸料的其他變化
喜歡吃辣的人，可以在這款味碟的基礎上加入適量剁椒或辣椒醬。

小貼士

蠔油是廣東常用的提鮮調味料，但蠔油本身並不是很鹹，所以需要加入適量生抽來增加些鹹味。

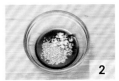

做法

1 將麻油和蠔油盛入碟中，調入 1 湯匙生抽攪拌均勻。
2 加入少許蒜蓉和芝麻即可。

上癮小米辣碟

酸辣清香，別具一格

🕐 5 分鐘

🔥 簡單

⟪ 特色

新鮮的小米辣富含辣椒素，只需要在碟中加入一點點，你就能在强烈的刺激下感受到食物在口腔和舌尖跳躍起來。

主料：小米辣椒適量

輔料：海鮮醬油 2 湯匙，香醋 1 湯匙，
葱花少許，芫茜末少許

小貼士

小米椒是這款配料的精髓，味道清香不厚重，特別提味提鮮。

做法

1 小米辣椒洗淨，切成大小均勻的辣椒圈。

2 取適量辣椒圈放入碟中，加入海鮮醬油、香醋、葱花和芫茜末，拌勻即可。

蘸料的其他變化

用新鮮的青檸汁代替香醋，味道更清香酸爽。酸酸的青檸汁在一定程度上可以中和小米椒的火辣，更適合不太能吃辣的人。

菌菇醬碟

菌香四溢

🕐 30分鐘

🔥 中等

🍲 特色

菌菇醬不僅可以用來拌飯拌麵，作為火鍋蘸料也是極好的。對於素食者來說，素湯湯底難免有些寡淡，有了這款醬碟就能添上些香濃滋味。

主料：冬菇 10 朵，杏鮑菇 1 個
輔料：香葱 1 棵，大蒜 4 瓣，薑 1 小塊，花椒 1 湯匙，
　　　八角 1 顆，桂皮 1 小塊，郫縣豆瓣醬 1 湯匙，
　　　鹽少許，白糖少許，老抽 1 湯匙，生抽 1 湯匙，
　　　熟花生碎適量，食用油適量

小貼士

在菌菇醬中加入熟花生碎可以豐富蘑菇醬的口感，也可以根據個人喜好放入適量熟芝麻或其他堅果碎。

蘸料的其他變化

作為火鍋的蘸料，菌菇醬既可以自成一派，也可以和芝麻醬、花生醬等基礎蘸料搭配，變化出不同口味的組合。

🍽 做法

1　將花椒、八角和桂皮放入研磨機中，打成細膩的香料末備用。

2　葱、薑、蒜洗淨，切成細末；將杏鮑菇和冬菇也切成儘量小的顆粒。

3　鍋中倒入比平時炒菜略多一些的油，先下入香料末小火炒香，再下入葱末、薑末、蒜末煸炒。

4　聞到蒜的香氣後，下入切好的冬菇、杏鮑菇，翻炒均勻。

5　待菇炒軟後，加入豆瓣醬、白糖、鹽、生抽及老抽調味。

6　菌菇醬翻炒均勻、上色入味後，加入熟花生碎拌勻。關火晾涼，即可裝入瓶中冷藏保存。

沙薑蔥蓉碟

重口味與小清新

🕙 10分鐘

🔥 簡單

⊚ 特色

沙薑葱蓉碟是廣式白切雞的必備蘸料，濃郁的葱香間夾雜着一顆顆爽口清新的沙薑顆粒，是重口味與小清新的完美融合。

主料：沙薑適量
輔料：香葱 2 棵，鹽 1 茶匙，食用油適量

小貼士

做好的葱蓉醬一天吃不完，可以在澆油前撒入少許蘇打粉。這樣可以使葱綠的翠綠顏色能夠維持更久的時間。

蘸料的其他變化

沙薑葱蓉碟不僅可以用於白斬雞、白灼菜的蘸料，也可以與生抽、海鮮醬油、普寧豆瓣醬等其他醬料混合，調製成味碟。

⊚ 做法

1 沙薑洗淨，切成儘量小的顆粒

2 香葱洗淨後一切為二，分為葱白和葱綠兩部分，也分別切成小粒。

3 取一隻乾淨無水的小奶鍋，加入小半碗油，中小火加熱至冒白煙。

4 將葱白鋪於碗底，然後依次鋪上葱綠、沙薑和鹽。

5 油熱後迅速澆至裝好葱薑的碗內。

6 趁着油熱，輕輕翻拌均勻即可。

全蛋蘸料碟
不可思議的濃滑享受

🕐 5 分鐘

🔥 簡單

〰️ 特色

日式火鍋中，常用生雞蛋液作為火鍋蘸料。滾燙的牛肉片在蛋液中滾上一圈，不僅可以起到降溫作用，還增添了一份順滑和一份香濃。

主料：生雞蛋 1 個
輔料：海鮮醬油少許

小貼士

由於這款全蛋蘸料碟的雞蛋不經過加熱，因此更要注意雞蛋的品質。最好選擇品質優良的雞蛋製作這款蘸料。

🍽️ 做法

1 取一隻新鮮的生雞蛋，在碗中打散。
2 加入少許海鮮醬油調味，攪打均勻即可。

蘸料的其他變化
傳統的日式全蛋蘸料碟是不加其他調味料的，也可以根據個人口味添些鹽、白糖或味酥等，碰撞出更豐富的味道。

蒜醬碟
蒜香濃郁，百吃不厭蒜醬碟

🕐 5 分鐘

🔥 簡單

〰️ 特色

大蒜具有天然抗生素的稱號。涮火鍋難免有心急的時候，如果遇到食材沒有涮至全熟的情況，吃些大蒜可以起到消毒殺菌的輔助作用。

主料：大蒜適量
輔料：鹽少許，生抽適量

小貼士

這款味碟蒜香濃郁，吃完後如果覺得口腔中的味道難聞，可以用濃茶漱口，再嚼上一些茶葉去除蒜味。

🥄 做法

1 大蒜剝去外皮，用刀背拍扁。
2 將大蒜放入石舂中，加入少許鹽，搗成蒜泥。
3 把蒜泥盛入味碟中，倒入適量生抽，沒過蒜泥即可。

蘸料的其他變化

蒜醬可以說是一款基礎醬碟，海鮮醬油碟、小米辣椒碟、金牌蠔油碟都可以和蒜醬碟進行組合，碰撞出不一樣的風味。

日式醬油芥末碟

濃郁而奇特

🕐 10 分鐘

🔥 簡單

🍲 特色

日本料理離不開芥末，只需一點點，就能讓平淡的食材增添奇特的風味，刺激卻欲罷不能。

主料：日本醬油適量
輔料：青芥末醬少許

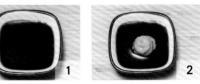

1　2

🥄 做法

1 在味碟中倒入適量日本醬油。
2 擠少許芥末醬在味碟中間，吃之前拌勻即可。

蘸料的其他變化
少許青芥末醬加入沙拉醬、幾滴檸檬汁和綿白糖攪拌均勻，可以製成芥末沙拉醬，是很適合夏天的調味蘸料，可以拌沙拉或搭配炸蝦球食用。

配餐 & 飲品

古早味酸梅湯

消暑解渴，神清氣爽

🕐 100 分鐘

🔥 中等

特色

一杯酸甜冰涼的酸梅湯可以趕走夏季裏的食欲不佳，特別是吃麻辣火熱的重慶火鍋時，能有一杯酸梅湯在手邊，真是最幸福的搭配。

小貼士

酸梅湯的酸性較強，容易腐蝕金屬。所以煮酸梅湯的鍋最好選用砂鍋或搪瓷鍋，而不要選擇鐵鍋、鋁鍋。

適合湯底

P.028 牛油麻辣湯底

主料：烏梅 50 克，山楂 30 克
輔料：洛神花 1 朵，桂花 1 湯匙，冰糖 150 克，陳皮
　　　10 克，甘草適量

1

2

3

4

5

6

做法

1 桂花、冰糖放到一旁待用，其他食材放入大碗中，用清水快速清洗一遍。
2 把清洗好的食材放入紗布袋中包好。
3 將紗布袋放入砂鍋中，加入足量清水浸泡 1 小時左右。
4 浸泡好後，大火煮沸，轉小火繼續煮 30 分鐘左右。
5 放入桂花和冰糖，攪拌幾下直至冰糖溶化。
6 關火後將酸梅湯放至室溫，裝入瓶中，冰鎮後飲用，撒少許桂花更佳。

山楂甘蔗飲
甜甜的山楂樹之戀

🕐 30 分鐘

🔥 簡單

主料：山楂 5 顆，甘蔗 2 節
輔料：砂糖橘 2 個

適合湯底：

P.018
老北京湯底

P.020
菌菇湯底

P.048
部隊芝士湯底

P.018
P.020
P.048

小貼士
找一根硬吸管，對準山楂中間有子的部分用力穿過去，可以快速挖出山楂的核而不破壞山楂的完整性。

🍜 做法

1 甘蔗去皮、洗淨，切成長段，然後縱向劈成四瓣。

2 山楂洗淨，挖去果核；砂糖橘去皮後一片片掰開。

3 鍋中加入適量清水煮沸，倒入山楂、甘蔗後轉小火煮 15 分鐘左右。

4 放入砂糖橘，再次煮至沸騰即可。用這款果汁搭配火鍋時，可以加入冰塊或冷藏後再飲用。

♨ 特色

山楂中含有多種有機酸，可以提高胃蛋白酶的活性，促進胃液分泌。山楂味酸，加熱後會變得更酸。適量加入甘蔗或糖分較高的水果一起煮成飲料，味道更好。

鮮百合雪梨汁

美肌潤肺

🕐 15 分鐘

🔥 簡單

主料：鮮百合 2 頭，雪梨 1 個
輔料：冰糖少許

適合湯底：

P.022
毋米粥湯底

P.024
菊花暖湯底

小貼士

百合和雪梨都是具有清熱潤肺功效的涼性食材，胃寒者可將雪梨果肉與百合一同先熬煮至軟爛，再攪打成汁即可。

🥄 做法

1 新鮮百合洗淨，去掉兩端發黑的部分後一片片剝下備用。

2 湯鍋中加入少許清水，放入鮮百合和冰糖一同熬煮 5 分鐘左右。

3 雪梨洗淨，去皮、去核，將果肉切成大塊。

4 將煮好的冰糖百合水放涼，與雪梨果肉一同放入料理機中，攪打均勻，點綴鮮百合即可。

⁂ 特色

百合除含有蛋白質、鈣、磷、鐵和維他命等營養素外，還含有一些特殊的營養成分，如秋水仙鹼等多種生物鹼，有防癌抗癌、養心安神、潤肺止咳等食療功效。

菊花八寶茶
清嗓利喉，獨具風味

🕐 5 分鐘

🔥 簡單

主料：杭白菊 2 朵，金銀花少許，茉莉花苞少許，紅棗 1 個，枸杞子少許，乾桂圓肉 2 個

輔料：冰糖 2 顆，綠茶 1 湯匙

適合湯底：

P.026
清油麻辣湯底

P.028
牛油麻辣湯底

P.026
P.028

小貼士

各地的「八寶」略有不同，羅漢果、花旗參、甘草、葡萄乾、芝麻等都可以作為「八寶」，可以自由搭配。

🥄 **做法**

1 將綠茶作為基底，先放入蓋碗茶杯中。
2 接着放入杭白菊、金銀花、茉莉花、紅棗、枸杞子、桂圓和冰糖。如果想要無糖的八寶茶，也可以用少許羅漢果代替冰糖。
3 加入沸水，蓋上蓋子，悶沏幾分鐘。
4 待水溫稍稍降低可入口時，打開蓋碗即可飲用。

〰 特色

細細品嘗會發現菊花八寶茶每一口、每一泡都會有略微的不同，因為每一種食材都會在不同的時段釋放出獨有的滋味。

雪耳糖水
平價美容甜湯

🕐 60 分鐘

🔥 中等

主料：雪蓮子 10 克，銀耳適量
輔料：枸杞子少許，冰糖少許

適合湯底：

P.024
菊花暖湯底

P.026
清油麻辣湯底

P.028
牛油麻辣湯底

P.038
海鮮湯底

P.024 P.026 P.028 P.038

小貼士

枸杞子煮久了會煮破，並產生酸味，影響糖水的口感，因此在關火前 5~10 分鐘放入鍋中，稍微煮一會兒就可以了。

1
2
3
4

🥄 做法

1 雪蓮子和銀耳放入碗中，加入足量水，提前泡發備用。
2 將泡發的雪蓮子和銀耳放入鍋中，加入清水，大火煮沸後轉小火燜煮約 1 小時。
3 用清水和濕布擦洗乾淨枸杞子表面的浮灰和雜質。
4 待雪蓮子和銀耳煮軟糯了，放入枸杞子和冰糖，繼續小火煮 5 分鐘即可。

≋ 特色

雪蓮子和銀耳富含膠質、蛋白質，可以增強人體免疫力，起到很好的抗疲勞、抗衰老作用。常喝這款甜湯，還能潤膚養顏、潤燥美白。

竹蔗茅根水
粵式涼茶最解暑

🕐 10 分鐘

🔥 簡單

主料：竹蔗 2 節
輔料：茅根適量，馬蹄 4 個，紅蘿蔔
　　　1/2 條

適合湯底：

P.030
潮汕牛肉湯底

P.036
大骨濃湯湯底

🥢 **做法**

1 用刀將竹蔗表面發黑的外皮刮乾淨，剁成 10 厘米左右的段，再縱向剖成四條。
2 茅根洗淨，切成約手指長的段。
3 紅蘿蔔和馬蹄洗淨，削去外皮，切成大塊。
4 將所有準備好的材料放入鍋中，加入足量水，大火煮沸後轉小火煮半小時即可。

〰 **特色**

除了煲湯，廣東人也常煲涼茶喝，他們煮涼茶的鍋非常大，早上起來煮上這麼一鍋，全家人當水喝，解暑又清涼。

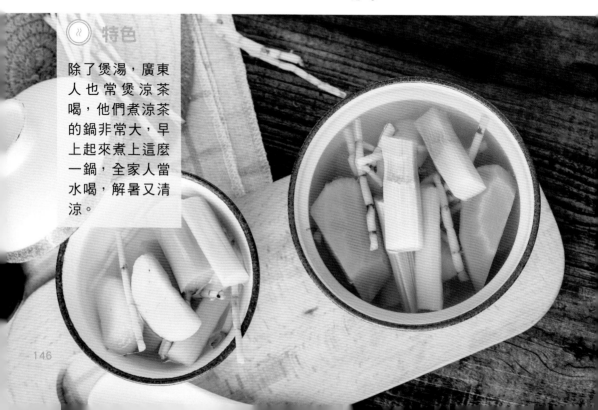

黑豆豆漿

解渴養生兩不誤

🕐 30 分鐘

🔥 簡單

主料：黑豆 30 克，黃豆 30 克
輔料：黑芝麻 1 湯匙

適合湯底：

P.028
牛油麻辣湯底

P.050
咖喱湯底

小貼士

現在市售的豆漿機打出的豆漿比較細膩，豆渣中含有豐富的膳食纖維，最好不要將豆渣過濾掉。

🥄 做法

1 黑豆和黃豆提前一晚洗淨，並用清水浸泡備用。

2 將泡好的黑豆和黃豆放入豆漿機，加入 1 湯匙黑芝麻。

3 豆漿機內放入 1 公升清水，打成順滑的豆漿即可。

特色

黑豆具有高蛋白、低熱量的特點，不僅含有膳食纖維和異黃酮等營養物質，還含有多種礦物質和維他命，具有潤澤肌膚、烏鬚黑髮之功效。

降火涼茶
正宗好涼茶

🕐 70 分鐘
🔥 簡單

🍲 特色

傳統的降火涼茶味道苦澀，像中藥般難以入口，加入了羅漢果可以中和草藥的苦澀味道。羅漢果中的糖比蔗糖甜 300 倍，且不產生熱量，是蔗糖的最佳代替品。

適合湯底

P.026 清油麻辣湯底　　P.028 牛油麻辣湯底

主料：夏枯草 3 克，金銀花 3 克，雞骨草 3 克，金錢草 3 克

輔料：羅漢果 1/2 個

🥄 做法

1　夏枯草、金銀花、雞骨草和金錢草用清水浸泡 10 分鐘左右，洗去浮灰和雜質。

2　在砂鍋中加入 1 公升清水。

3　放入洗淨的夏枯草、金錢草、金銀花和雞骨草。

4　用乾淨的毛巾擦去羅漢果表面的浮灰，捏碎，放入鍋中。

5　大火煮沸後，蓋上鍋蓋轉小火慢煮 50 分鐘左右，待顏色變得紅亮即可關火。

6　用紗布將鍋中的雜質過濾出來，就可以享用涼茶了。也可撒金銀花點綴。

龜苓膏

清熱解毒的火鍋伴侶

🕐 20 分鐘

🔥 簡單

特色

龜苓膏粉的成分中有鷹嘴鬼龜板、土茯苓、金銀花、甘草等多味藥材，具有滋陰潤燥、降火祛濕、涼血解毒的功效。

適合湯底

P.026 清油麻辣湯底　　　P.028 牛油麻辣湯底

主料：龜苓膏粉 15 克
輔料：蜂蜜少許

小貼士

龜苓膏味微苦，冷食熱食皆可。可以根據個人喜好加上煉乳、椰奶、酸奶等來中和龜苓膏的苦味。

做法

1 取一隻乾淨無水無油的容器，倒入龜苓膏粉。
2 往容器中緩慢倒入 100 毫升溫開水，邊倒水邊攪拌均勻。
3 將液體倒入鍋中，倒入 900 毫升開水，繼續攪拌。
4 攪拌均勻後，開火煮沸，轉中小火煮 3 分鐘，其間一直攪拌，避免黏鍋或結塊。
5 在容器上放上濾網，將煮好的龜苓膏液體過濾一次。
6 將容器蓋上保鮮膜，放入冰箱中冷藏至凝結即可取出。食用前倒入些許蜂蜜，風味更佳。

自製豆花
吹彈可破，口口順滑

⏱ 80 分鐘

🔥 高級

152

☺ 特色

豆花應該是甜的還是鹹的？南方人和北方人的意見一直不能統一。在家自製豆花就少了這份糾結，甜鹹皆可隨心變換。

適合湯底

P.044 昆布味噌湯底　　P.048 部隊芝士湯底

主料：乾黃豆 100 克
輔料：內酯 2 克

☺ 做法

1 乾黃豆提前用清水浸泡，使每顆豆子都吸收充足的水分。

2 將泡好的黃豆放入豆漿機，加入 1 公升清水打成豆漿，濾去豆渣，留下順滑的豆漿備用。

3 濾好的豆漿倒入湯鍋中煮開，可以用湯杓不停攪拌，防止豆漿溢出或糊底。

4 將 2 克內酯用 15 毫升溫水溶化均勻。

5 豆漿煮好後關火，放至 85℃左右，將準備好的內酯水倒入豆漿中，用杓子快速順時針攪拌幾圈，蓋上鍋蓋，靜置 20 分鐘左右。

6 做好的豆花用杓子盛入小碗中，根據個人喜好淋入蘸料即可享用。

和風冷豆腐

綿滑細膩的日式小菜

🕐 20分鐘

🔥 中等

🍲 特色

內酯豆腐質地潔白，沒有北豆腐的苦味，更適合作為清淡的涼菜食用。冷藏後的內酯豆腐有一種類似豆花的綿滑口感，是一道快手的日本家常小菜，搭配日式壽喜鍋再合適不過。

適合湯底

P.044 昆布味噌湯底　　P.046 壽喜湯底

小貼士
因為內酯豆腐太軟，不好從盒中取出，可以先用小刀將四邊輕劃再倒扣於盤子上。

主料：內酯豆腐 1 盒
輔料：香葱 1 棵，薑 1 塊，海苔適量，日式醬油適量

🥄 做法

1 內酯豆腐放冰箱冷藏一段時間，使之稍稍變硬。

2 一小塊薑去皮，磨成薑蓉。

3 香葱切成 5 厘米左右的細絲。

4 海苔切成細絲備用。注意，在切海苔時不要碰到水，否則海苔會變軟。

5 豆腐從冰箱取出，倒扣在盤子上，撒上葱絲、海苔絲，最上面放一撮薑蓉。

6 日式醬油不要過早淋在豆腐上，吃之前放才最好。

百香果冰粉

降溫救火，滿滿的維他命

🕐 50 分鐘

🔥 簡單

⊗ 特色

冰粉是很多人成長記憶中無法忽視的美味，嘴巴辣的想要噴火時來上一碗冰涼涼的冰粉，吃着讓人從嘴到胃裏都舒坦。

小貼士
可以提前一晚做好冰粉，放入冰箱中冷藏，第二天再準備新鮮的百香果即可。

適合湯底

P.028 牛油麻辣湯底　　P.040 酸菜魚湯底

主料：冰粉粉末 30 克，百香果 1 個
輔料：白糖 20 克，檸檬汁少許，蜂蜜少許，葡萄乾少許

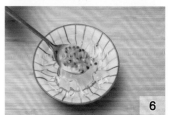

⊘ 做法

1 冰粉粉末加入清水調勻，至粉末完全溶化。
2 將冰粉水放入鍋中，小火煮 3 分鐘左右，並用杓子不停朝一個方向攪勻。
3 關火後晾涼，將冰粉倒入冰格中，放入冰箱冷藏至凝固。
4 百香果對半切開，用杓子將果肉挖出到一個大碗中。
5 碗中擠入檸檬汁，加入白糖一起拌勻。
6 將冷藏好的冰粉放入碗中，淋入百香果肉、蜂蜜調味，再撒入少許葡萄乾即可。

陳皮綠豆沙

清肺解熱

🕐 60 分鐘

🔥 簡單

🍲 特色

綠豆消暑止渴，陳皮氣味芳香，兩者搭配是一道非常經典的粵式甜品，最傳統的搭配，煮出最難忘的味道。

適合湯底

P.026 清油麻辣湯底　　P.036 大骨濃湯湯底

主料：綠豆 200 克
輔料：冰糖適量，陳皮 1/2 個

🥄 做法

1 綠豆洗淨，用涼水浸泡 1 小時。
2 陳皮洗去表面的灰塵，掰成小塊。
3 鍋內多放一些水，加入陳皮和泡好的綠豆，大火煮開。
4 煮至綠豆開花，將浮起的豆皮撈出，轉中小火將綠豆煮爛。
5 煮綠豆沙的過程中，要不斷用杓子將綠豆壓碎，並常常翻動防止糊鍋。
6 根據個人口味加入冰糖或蜂蜜，晾涼後味道更佳。

梅漬聖女果

酸酸甜甜，提升你的食欲

🕒 25 分鐘

🔥 簡單

🍵 特色

用話梅醃漬的聖女果，酸酸甜甜，富含番茄紅素，很適合在食慾不振的夏天食用。

適合湯底

P.016	P.044	P.046
番茄湯底	昆布味噌湯底	壽喜湯底

小貼士
也可在每個聖女果上劃一刀，塞入一條梅肉，醃漬過夜，風味更佳。番茄紅素遇光、熱和氧氣容易分解，烹調時應避免長時間高溫加熱。

主料：聖女果（小番茄）500 克，話梅 10 顆
輔料：冰糖 10 克，檸檬 1/4 個

🥢 做法

1 聖女果洗淨，用刀在底部輕劃十字。
2 將聖女果在開水中滾 30 秒，撈出浸入涼水。
3 輕輕沿十字裂口剝去外皮，放涼備用。
4 話梅和冰糖用水煮開，待冰糖完全溶化後關火晾涼。
5 將冷卻的話梅和冰糖水倒入密封罐，並放入處理好的聖女果，擠入檸檬汁。
6 做好的梅漬聖女果需放入冰箱冷藏，食用時用乾淨無水的杓子取出適量即可。

彩椒雪梨拌苦瓜

清熱氣，緩燥熱

🕐 20 分鐘

🔥 簡單

📖 特色

一苦一甜、去火清熱的兩種食材搭配在一起，可以緩解火鍋帶來的燥熱，爽口又清心。

適合湯底

P.026 清油麻辣湯底　　P.028 牛油麻辣湯底

小貼士
處理苦瓜時要注意將瓜瓤和白色脈絡全部去除乾淨，否則不僅會過苦，也會影響口感。

主料：苦瓜 1 條，紅彩椒 1 個，黃彩椒 1 個，雪梨 1 個
輔料：白糖 1 茶匙，鹽 1/2 茶匙，蘋果醋適量

🥢 做法

1 苦瓜洗淨後豎着切成兩半，用杓子挖去中間的瓜瓤和瓜子，如果怕苦，可以把白色瓜瓤挖得乾淨一些。

2 斜刀將苦瓜切成細絲，浸在冷水中進一步去除苦味。

3 將紅、黃兩色彩椒洗淨、去子，切成細絲。

4 雪梨去皮、去核，切成細絲。

5 將苦瓜撈出，瀝乾水分。

6 將苦瓜絲、彩椒絲、雪梨絲加白糖、鹽、蘋果醋拌勻即可。

冰鎮秋葵
百分百的健康蔬菜

⏱ 10 分鐘

🔥 簡單

主料：秋葵 1 把
輔料：冰塊適量

適合湯底：

P.026
清油麻辣湯底

P.028
牛油麻辣湯底

P.050
咖喱湯底

小貼士
冰鎮秋葵不加任何調味料直接吃，可以嘗到食材原本的清甜，也可以蘸上芥末和生抽，滋味更加獨特。

≈ 特色

秋葵烹煮後會產生一種黏稠的汁液，這種汁液被營養學家視為瓊漿。秋葵的營養豐富，性偏寒涼，可以在一定程度上平衡辣椒等辛香料帶給身體的熱氣。

🥄 做法

1 將秋葵洗淨，切去頂部的蒂。儘量不要切得過多，防止水分進入秋葵的空隙中。

2 鍋中加入足量水煮沸，放入整條秋葵，迅速汆燙 1 分鐘左右。

3 秋葵變色即可撈出，過冷水。

4 將晾涼的秋葵瀝乾水分，擺盤，放入適量冰塊冰鎮即可。

薄荷拌菠蘿

清涼潤燥正當時

⏱ 20 分鐘

🔥 簡單

主料：菠蘿 1/2 個

輔料：新鮮薄荷葉適量，白砂糖 2 湯匙，鹽 1 茶匙

適合湯底：

P.026
清油麻辣湯底

P.028
牛油麻辣湯底

P.040
酸菜魚湯底

小貼士

挑選菠蘿時，可以抽取一片靠中間的菠蘿葉片。如果葉片很容易抽出來，就說明這個菠蘿已經熟透了。如果還想要更好的口感，可以將菠蘿替換為台灣鳳梨，味道更加甘甜。

《 **特色**

菠蘿含有一種叫「菠蘿朊酶」的物質，它能分解蛋白質，幫助消化。如果不小心買到了酸澀不甜的菠蘿，這個做法可以完美地改善味道。清新的薄荷香會讓整道小菜格外精彩。

1

2

3

4

5

6

😋 **做法**

1 新鮮的菠蘿去掉外皮和硬心，切成適宜入口的厚片。

2 將菠蘿片放入清水中，加入 1 茶匙鹽，浸泡 10 分鐘左右。

3 薄荷去梗、留葉，洗淨後控乾水分。

4 將薄荷葉和白砂糖放入石舂，搗出薄荷的香氣。

5 取出菠蘿片，瀝乾水分，放入盤中。

6 澆上搗好的薄荷砂糖，翻拌幾下，使每片菠蘿都裹上砂糖即可。

涼拌苦菊
夏日裏的清涼小菜

🕒 20 分鐘

🔥 簡單

特色

苦菊是清熱解暑的綠色蔬菜，含有鈣、磷、鉀、鐵、銅、錳等多種礦物質，還有多種人體必需的維他命，是一個天然的營養寶庫。

適合湯底

P.018
老北京湯底

P.024
菊花暖湯底

P.052
日式豆漿湯底

小貼士
調和芝麻醬時，要少量多次加水，調成和涮羊肉蘸料的濃稠程度差不多就可以了。

主料：苦菊 1 棵
輔料：芝麻醬 2 湯匙，白醋少許，鹽少許，白糖少許

1

2

3

4

做法

1 苦菊洗淨，控乾水分，切去根部。
2 將切好的苦菊葉片放入盤中，擺放整齊。
3 小碗中放入芝麻醬，加入適量溫水，朝一個方向攪拌，使芝麻醬澥開。
4 調入醋、鹽和白糖，攪拌至順滑沒有顆粒，澆在苦菊葉片上即可。

薑汁菠菜

營養模範生

🕒 15 分鐘

🔥 簡單

◎ 特色

菠菜是春天的應季蔬菜，性涼味甘，具有滋陰、潤燥、養血的功效。生薑辛溫，與菠菜搭配同食，對身體更有好處。

適合湯底

P.018 老北京湯底　　P.022 毋米粥湯底

主料：菠菜 1 把
輔料：生薑 1 塊，生抽 1 湯匙，陳醋 2 湯匙，鹽 1/2
茶匙，白糖少許，麻油少許，熟芝麻少許

◎ 做法

1 菠菜洗淨，切去老根；生薑削去外皮。

2 湯鍋中加入清水煮沸，放入菠菜，汆燙至水再次沸騰時撈出，浸入涼水。

3 菠菜冷卻後撈出，用手擠乾水分，擺入盤中。

4 生薑磨成薑泥，或用刀慢慢剁成薑蓉。

5 取小碗，將生抽、陳醋、鹽、白糖、麻油和薑蓉混合均勻，做成薑汁。

6 將薑汁倒在菠菜上，撒上少許熟芝麻即可。

小貼士
俗語有「一年之內，秋不食薑；一日之內，夜不食薑」的說法，因此吃薑最好在早午飯時，晚上少吃或儘量不吃。

五彩有機大拌菜

⏱ 20 分鐘

🔥 簡單

五彩繽紛，美味爽口

主料：黃彩椒 1 個，聖女果（小番茄）少許，荷蘭青瓜 1 條，紫椰菜 1/4 個，生菜少許

輔料：熟白芝麻 1 湯匙，大蒜 3 瓣，鹽適量，生抽 2 湯匙，米醋適量，橄欖油適量，白糖適量

適合湯底：

P.018 老北京湯底   P.028 牛油麻辣湯底   P.040 酸菜魚湯底

特色

每種不同顏色的蔬菜所含的營養都不盡相同，因此必須多吃些不同顏色的食材。大拌菜的熱量非常低，減肥人士也可以放心吃。

做法

1 所有蔬菜洗淨，瀝乾水分。

2 聖女果對半剖開，荷蘭青瓜切滾刀塊，其他蔬菜用手掰成適宜入口的小塊。

3 大蒜拍扁、切末，放入大碗中。

4 將所有輔料放入碗中調勻，淋在蔬菜上即可。

蒜茄子
懶人的美味食譜

🕐 25 分鐘

🔥 簡單

主料：長茄子 1 根

輔料：大蒜 1 個，鹽 1 茶匙

適合湯底：

P.034 酸菜白肉湯底

P.042 魚頭湯底

小貼士

蒜茄子醃製過夜即可食用，最長可以在冰箱中冷藏保存 5 天左右。醃好的蒜茄子可能有些地方會發藍，這並不是變質，也不影響食用。

≫ 特色

蒜茄子是東北家常的醃製小菜，做法上沒有太多講究。醃好後蒜的香味被蒸軟的茄子吸收，佐粥或下酒都適宜。

1

2

3

4

做法

1 茄子洗淨，上鍋蒸 15 分鐘左右，蒸好後取出放涼。

2 大蒜切成儘量細的蒜末，加入鹽拌勻。

3 用刀豎着在切好的茄子中間剖開一個口，不要切斷。

4 均勻塞入蒜末，密封好後放入冰箱冷藏保存，吃之前取出即可。

手撕杏鮑菇
低熱量的家常小涼菜

🕐 25 分鐘
🔥 中等

主料：杏鮑菇 2 個
輔料：香葱 1 棵，大蒜 3 瓣，小米椒 2 個，麻油 2 湯匙，
　　　生抽 1 湯匙，米醋少許，白糖 1 湯匙，鹽適量

適合湯底：

P.020 菌菇湯底　　P.038 海鮮湯底

》 特色

杏鮑菇味道鮮美，有一種獨特的清香，還具有降血脂、降膽固醇、促進腸胃消化的作用。因其口感如鮑魚般脆嫩有嚼勁而被稱為杏鮑菇。

🥄 做法

1 杏鮑菇洗淨，放入蒸鍋大火蒸 10 分鐘左右。

2 葱、蒜和小米椒洗淨，分別切成碎末。

3 取出蒸好的杏鮑菇，放涼至室溫，將杏鮑菇撕成像麵條般粗細的條。

4 將撕好的杏鮑菇放於盤中，淋入麻油、生抽、米醋，加入白糖、鹽、葱花、蒜末、小米椒碎，吃之前拌勻即可。

奶香馬鈴薯泥
簡單快手的餐前小食

⏱ 30 分鐘

🔥 中等

主料：馬鈴薯 1 個

輔料：牛奶適量，牛油 1 小塊，鹽少許，白胡椒粉
　　　少許

適合湯底：

P.046 壽喜湯底　　P.048 部隊芝士湯底　　P.052 日式豆漿湯底

小貼士

馬鈴薯泥中可以增加不同的輔料，例如煙肉粒、粟米粒、青瓜丁、芝士等，都可以添加到馬鈴薯泥裏。經常更換馬鈴薯泥的配料，能讓你百吃不厭。

♨ 特色

馬鈴薯既可以當蔬菜，也可以做主食。香軟的馬鈴薯泥中含有豐富的澱粉和蛋白質，很容易被人體消化吸收，小寶寶也可以吃。

🔪 做法

1 馬鈴薯洗淨，去皮，切成大塊。

2 將馬鈴薯塊放入蒸鍋，大火蒸至軟爛。

3 取出馬鈴薯，放入容器中，加入鹽、白胡椒粉和牛油，趁熱拌勻，壓成細膩的馬鈴薯泥。

4 在馬鈴薯泥中少量多次加入牛奶，慢慢調和馬鈴薯泥的乾濕程度。當可以塑形、不會過軟或過硬時，就可以裝盤了。

老醋花生

經典下酒菜

🕐 25 分鐘

🔥 簡單

☵ 特色

花生米是最為經典的下酒菜，甚至不愛喝酒的人因為愛它的香酥脆口、清爽解膩，也經常要點上一碟老醋花生。

P.026
清油麻辣湯底

P.028
牛油麻辣湯底

P.034
酸菜白肉湯底

小貼士
做好的老醋花生可以放在保鮮盒中，放入冰箱冷藏一會兒。冰鎮過的花生米口感更加酥脆，也更入味。

主料：花生米 200 克
輔料：陳醋 4 湯匙，生抽 1 湯匙，白糖 2 湯匙，大蒜 2 瓣，鹽少許，花生油適量

☵ 做法

1 炒鍋中倒入適量油，涼油時放入花生米，小火炸製。
2 不時用鍋鏟翻動花生，使之均勻受熱。當花生米微微變色、炸至香脆時即可關火。
3 將花生米撈出，瀝乾油分，晾涼。
4 取一隻空碗，倒入陳醋、生抽和白糖拌勻，三者比例大約為 4：1：2。
5 大蒜拍扁，加入少許鹽，舂成蒜蓉。
6 將蒜蓉也放入醋汁中拌勻，澆在炸好的花生米上即可。

開胃毛豆

夏天裏讓人愉快的小吃

🕐 40 分鐘

🔥 簡單

⚜ 特色

炎熱的夏季也想吃火鍋，幾碟冰鎮的開胃小菜必不可少。毛豆在香料鍋中滾上幾小時，帶有一股淡淡的鹹香味，解膩又開胃。

小貼士
煮毛豆的過程中需要保持鍋蓋一直打開，這樣煮出的毛豆外皮翠綠，看起來更加賞心悅目。

適合湯底

P.018
老北京湯底

P.034
酸菜白肉湯底

P.036
大骨濃湯湯底

主料：毛豆 500 克

輔料：八角 1 顆，桂皮 1 塊，花椒適量，乾紅辣椒 2 個，小茴香少許，香葉少許，鹽適量，食用油適量

⚜ 做法

1 將毛豆放入大盆中，加入 1 湯匙鹽，浸泡 5 分鐘左右。用雙手把毛豆搓洗乾淨，瀝乾水分。

2 用剪刀將毛豆兩端的尖角剪去，使毛豆能更入味。

3 湯鍋加入足量水燒開，加入八角、桂皮、花椒、乾辣椒、小茴香、香葉，大火煮沸。

4 待能聞到香料的香氣後，在鍋中滴入少許食用油，加入適量鹽，倒入毛豆，開蓋煮熟。

5 大約 10 分鐘後，毛豆煮得軟硬適中即可關火，在鍋中浸泡晾涼。

6 放至室溫後，將毛豆連湯一同放入保鮮盒，入冰箱冷藏 3 小時左右，即可取出享用。

酒釀手揉湯圓

冷食熱飲皆宜

🕐 30 分鐘

🔥 中等

﹙﹚ 特色

酒釀湯圓是經典的甜品小吃，醪糟清香、湯圓軟糯，有酒味卻不濃烈，可以熱飲，也可放入冰箱中冷藏後再享用。具有補血養顏、健脾開胃、舒筋活血的功效。

適合湯底

P.024 菊花暖湯底　　P.052 日式豆漿湯底

小貼士
不同的糯米粉吸水量稍有偏差，可以根據情況隨時調整水量，只要能和成不黏手的糰就可以。

主料：糯米粉 50 克，酒釀 3 湯匙
輔料：枸杞子少許，乾桂花少許，白糖少許

﹙﹚ 做法

1 將糯米粉放入一個無水無油的乾淨容器中，緩緩加入 35 毫升溫水，用橡皮刮刀混合成均勻的絮狀。
2 將糯米粉和成軟硬適中的麵糰。
3 把糯米糰分成若干小份，揉搓成實心小湯圓。
4 鍋中加入適量清水和酒釀一起煮沸。
5 水沸後，放入手揉湯圓，煮至湯圓全部漂浮起來。
6 加入枸杞子和桂花，再根據個人口味加入少許白糖，即可關火盛出。

紅糖糍粑

老成都名小吃

🕙 100 分鐘

🔥 高級

💨 特色

剛出鍋的糍粑外皮酥酥的，裹着一層濃濃的糖漿，熱氣騰騰的樣子讓人看起來就口水直流。

適合湯底

P.026 清油麻辣湯底　　P.028 牛油麻辣湯底

小貼士

糍粑條要逐條放入油鍋，冷凍糍粑條突然遇熱會黏筷子，相互碰撞也會黏連，可以等炸至邊沿起硬殼後，再用筷子翻動。

主料：圓糯米 200 克
輔料：白糖 10 克，紅糖 50 克，食用油適量

1

2

3

4

5

6

7

8

🥄 做法

1 圓糯米淘洗乾淨，加入足量清水，浸泡 3 小時左右。

2 在蒸籠上墊上乾淨的紗布，倒入泡好的糯米，上鍋蒸熟。水沸後蒸 20 分鐘左右即可關火取出。

3 將糯米飯趁熱放入盆中，加入白糖後用擀麵杖不停舂搗，使糯米飯變成有黏性的糯米糰。

4 取一個方形容器，內壁抹上食用油，將糯米糰鋪入容器中，並儘量壓得緊實平整。

5 將容器放入冰箱中冷凍半小時左右，然後在常溫下放幾分鐘回溫。取出糯米糰，切成和手指粗細差不多的糍粑條。

6 鍋中加入足量食用油，放入糍粑條，炸至外殼金黃脆硬即可撈出。

7 紅糖加入少許水，小火熬出濃密的泡泡。

8 將糍粑條均勻碼放在盤中，淋上熬好的紅糖汁即可。

炸魚皮

鹹香酥脆

⏱ 25 分鐘
🔥 高級

∿ 特色

炸魚皮在港式火鍋店裏的地位相當於川味火鍋中的小酥肉。在火鍋還沒熱的時候先上一盤，一邊吃一邊閑聊，十分愜意。

適合湯底

P.030 潮汕牛肉湯底

P.040 酸菜魚湯底

主料： 新鮮魚皮適量
輔料： 粟粉適量，鹽 1 茶匙，食用油 300 毫升

1

2

3

4

5

做法

1 魚皮改刀切成適宜的大小。

2 將魚皮清洗乾淨，並用廚房紙巾吸去多餘的水分。

3 加入鹽抓勻，醃製 10 分鐘左右，可以輕輕按摩魚皮使之入味。

4 醃好後，在魚皮的兩面都均勻裹上粟粉。

5 鍋中加入油，油熱後放入魚皮炸至金黃即可。

香酥小燒餅

酥到你的心底裏

🕐 100 分鐘

🔥 高級

💨 **特色**

在涮鍋之前盛出些熱乎的湯，一口湯一口餅，確實非常舒坦。火鍋裏的各類肉菜吃多了，不如來一個香脆可口的燒餅作為主食吧。

適合湯底

P.018 老北京湯底　　P.042 魚頭湯底

主料：低筋麵粉 185 克，食用油 70 毫升

輔料：鹽少許，白芝麻少許，雞蛋 1 個，白糖 8 克

小貼士

製作燒餅也可以用普通麵粉代替低筋麵粉，也會膨脹酥脆且更有筋道；低筋麵粉做出的燒餅更加棉酥。

做法

1　取兩個乾淨的大盆，分別稱入 110 克和 75 克低筋麵粉。

2　在放有 110 克低筋麵粉的盆中，加入 8 克白糖、38 毫升食用油、50 毫升清水和少許鹽，將麵糰揉勻後蓋上保鮮膜，醒發 30 分鐘左右，即成油皮。

3　在放有 75 克低筋麵粉的盆中，加入 32 毫升食用油，揉勻製成油酥。也蓋上保鮮膜醒發 30 分鐘左右。

4　將油皮和油酥分別揪成均勻的 10 份小麵糰，排列整齊。

5　取一份油皮，包住一份油酥，全部完成後放在案板上，蓋上保鮮膜，靜置醒發幾分鐘。

6　將麵糰擀成長舌形，然後自上而下捲起來。

7　麵卷旋轉 90° 後再次擀長，再捲起來，蓋上保鮮膜，醒發 10 分鐘左右。

8　取出醒好的麵卷，擀成大小均勻的圓形燒餅。

9　烤箱 210℃ 上下火預熱 10 分鐘。等待的過程中在每個燒餅表面刷一層薄薄的雞蛋液，並撒上芝麻按牢。

10　在烤盤中鋪上烘焙紙，放入燒餅。210℃ 上下火烤製 15 分鐘左右即可。

南瓜餅

香軟黏牙

🕐 40 分鐘

🔥 中等

💨 特色

南瓜不僅口感香甜，還含有胡蘿蔔素、葡萄糖、膳食纖維和多種維他命。等待火鍋時，端上一盤彈牙的南瓜餅，可以讓食客們先飽飽肚子。

適合湯底

P.026 清油麻辣湯底　　P.028 牛油麻辣湯底

主料：甜南瓜 1 個

輔料：糯米粉適量，白糖少許，食用油適量

小貼士

南瓜餅的做法不局限於煎，還可以蒸。蒸的時候冷水入鍋，大火蒸 15 分鐘左右即可。蒸南瓜餅不含油，更低脂也更健康。

做法

1 南瓜去皮、去子，切成大塊，放入盤中。

2 用保鮮膜包好盤子，放入鍋中，將南瓜蒸至軟爛。

3 在蒸好的南瓜中加入適量白糖調味，並趁熱將白糖攪拌融化。

4 一邊攪拌一邊將南瓜均勻壓成南瓜泥，晾涼至室溫備用。

5 在南瓜泥中少量多次加入糯米粉，並用矽膠刮刀不停翻拌。

6 將南瓜泥和糯米粉和成光滑不黏手的麵糰。

7 將麵糰分成大小合適的劑子，搓圓後拍扁成南瓜餅。

8 平底鍋倒入適量油，小火將南瓜餅兩面煎熟即可。

韓式南瓜粥

孩子的最愛

🕐 40 分鐘

🔥 簡單

⌇ 特色

在韓式餐廳用餐，有兩樣小食不可錯過：一是韓國泡菜，一是韓式南瓜粥。在家裏做上一鍋金燦燦的南瓜粥，想喝多少都管夠。

適合湯底　　　　

P.048 部隊芝士湯底　　P.052 日式豆漿湯底

主料：南瓜 1 塊
輔料：糯米粉 2 湯匙，鹽少許，冰糖少許

⊜ 做法

1 南瓜去皮、去子，放入鍋中蒸 20 分鐘左右至南瓜變得軟爛，即可關火。

2 將南瓜壓製成泥，放入料理機中攪打細膩。

3 糯米粉用一小碗清水調開，攪拌至沒有顆粒。

4 將南瓜泥和糯米粉倒入湯鍋中，小火加熱並不停攪拌，直至南瓜泥變得稠厚，加入少許鹽和冰糖調味即可。

紅豆薏米粥

美容健體的好粥

🕐 60 分鐘

🔥 簡單

特色

紅豆、薏米是祛濕的好食材，將二者熬煮成粥，能夠養顏祛濕，帶給你面如桃花的好氣色。

適合湯底

P.026 清油麻辣湯底

P.028 牛油麻辣湯底

主料：紅豆 50 克，薏米 25 克

輔料：冰糖少許

小貼士

泡紅豆和薏米時可以多換幾次水，夏季氣溫高可以放入冰箱中，防止紅豆和薏米變質。

做法

1 紅豆和薏米按照 2：1 的比例，洗淨後提前浸泡 1 晚。

2 將泡好的紅豆和薏米放入鍋中，加入足量水，大火煮沸。

3 轉小火，繼續燜煮 1 小時左右。

4 關火前放入冰糖，煮至冰糖完全溶化即可。

作者
薩巴蒂娜

責任編輯
譚麗琴

美術設計
馮景蕊

排版
劉葉青

在家吃
火鍋

無分四季時節，
圍爐品嘗食材的鮮味

出版者
萬里機構出版有限公司
香港北角英皇道499號北角工業大廈20樓
電話：2564 7511
傳真：2565 5539
電郵：info@wanlibk.com
網址：http://www.wanlibk.com
　　　http://www.facebook.com/wanlibk

發行者
香港聯合書刊物流有限公司
香港新界大埔汀麗路36號
中華商務印刷大廈3字樓
電話：（852）2150 2100
傳真：（852）2407 3062
電郵：info@suplogistics.com.hk

承印者
中華商務彩色印刷有限公司
香港新界大埔汀麗路36號

出版日期
二零二零年一月第一次印刷